Юлия Шмермбекк
Гречихин Леонид Иванович

Исследование поверхностного слоя кремния с напылением индия

Юлия Шмермбекк
Гречихин Леонид Иванович

Исследование поверхностного слоя кремния с напылением индия

Сканирующая туннельная микроскопия и спектроскопия структурных образований на поверхностях Si(111) и Si(557) с кластерам

LAP LAMBERT Academic Publishing

Impressum / Выходные данные
Bibliografische Information der Deutschen Nationalbibliothek: Die Deutsche
Nationalbibliothek verzeichnet diese Publikation in der Deutschen
Nationalbibliografie; detaillierte bibliografische Daten sind im Internet über
http://dnb.d-nb.de abrufbar.
Alle in diesem Buch genannten Marken und Produktnamen unterliegen
warenzeichen-, marken- oder patentrechtlichem Schutz bzw. sind
Warenzeichen oder eingetragene Warenzeichen der jeweiligen Inhaber. Die
Wiedergabe von Marken, Produktnamen, Gebrauchsnamen, Handelsnamen,
Warenbezeichnungen u.s.w. in diesem Werk berechtigt auch ohne besondere
Kennzeichnung nicht zu der Annahme, dass solche Namen im Sinne der
Warenzeichen- und Markenschutzgesetzgebung als frei zu betrachten wären
und daher von jedermann benutzt werden dürften.

Библиографическая   информация,   изданная   Немецкой
Национальной Библиотекой. Немецкая Национальная Библиотека
включает данную публикацию в Немецкий Книжный Каталог; с
подробными библиографическими данными можно ознакомиться в
Интернете по адресу http://dnb.d-nb.de.
Любые названия марок и брендов, упомянутые в этой книге,
принадлежат торговой марке, бренду или запатентованы и
являются   брендами   соответствующих
правообладателей. Использование названий брендов, названий
товаров, торговых марок, описаний товаров, общих имён, и т.д.
даже без точного упоминания в этой работе не является
основанием того, что данные названия можно считать
незарегистрированными под каким-либо брендом и не защищены
законом о брендах и их можно использовать всем без ограничений.

Coverbild   /   Изображение   на   обложке   предоставлено:
www.ingimage.com

Verlag / Издатель:
LAP LAMBERT Academic Publishing
ist ein Imprint der / является торговой маркой
OmniScriptum GmbH & Co. KG
Heinrich-Böcking-Str. 6-8, 66121 Saarbrücken, Deutschland / Германия
Email / электронная почта: info@lap-publishing.com

Herstellung: siehe letzte Seite /
Напечатано: см. последнюю страницу
ISBN: 978-3-659-68341-1

Содержание

Введение.

Физические свойства поверхности имеют важное значение для понимания многих процессов, происходящих в кристаллических материалах. Эта роль становится определяющей для наноматериалов, структурные элементы которых имеют нанометровый размер.

Обнаруженный эффект протекания тока через тонкий диэлектрический промежуток поставил перед учеными, казалось бы, неразрешимую проблему. Прохождение микрочастицы, например, электрона, сквозь область пространства, когда её энергия E меньше высоты барьера U_0 (фиг. 1), в классической физике не может найти объяснение, так как это нарушает закон сохранения энергии. Однако в квантовой физике ситуация принципиально иная. Квантовая частица не движется по какой-либо определенной траектории. Поэтому можно лишь говорить о вероятности нахождения частицы в определенной области пространства.

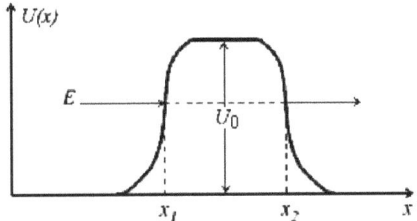

Фиг. 1. Схема потенциального барьера.

Частица с $E < U_0$, натолкнувшись на барьер, может либо пройти сквозь него, либо отразиться. Суммарная вероятность этих двух возможностей равна единице. Проникновение квантовой частицы через недопустимо высокий потенциальный барьер было названо туннельным эффектом или туннелированием.

Туннельное прохождение частицы через потенциальный барьер лежит в основе многих явлений ядерной и атомной физики: альфа-распад, холодная эмиссия электронов из металлов, явления в контактном слое двух полупроводников, возникновение тока в промежутке щуп-образец туннельного микроскопа и т.д. При перемещении щупа микроскопа на предельно близком расстоянии вдоль исследуемой поверхности он как бы перебирает атом за атомом.

Иными словами, потенциальный барьер в мире квантовой механики размыт. Он, конечно, препятствует движению частицы, но не является твердой, непроницаемой границей, как это имеет место в классической механике Ньютона.

При феноменологическом изучении поверхности многие проблемы – например, проблема спектра энергий у поверхностных электронов – принципиально не могли быть решены. Поэтому иногда в физико-химии поверхности создавалась лишь видимость решения задач: на самом деле они загонялись вглубь. Это привело к тому, что наука о поверхности стала заметно отставать от технологии, которая вынуждена была обходиться без науки.

Использование для исследования поверхности кристаллических тел сканирующего туннельного микроскопа позволило дать ответ на множество сложных и важных вопросов. Однако, многое и сегодня еще остается неясным и требует дальнейших исследований.

Часть 1.

Общие вопросы.

Глава 1.1 Туннельный эффект.

Широкое развитие исследований в области взаимодействия элементарных частиц выявило непреодолимые сложности в понимании и описании многих явлений. Все больше исследователей вынуждены были признать, что, оставаясь на позициях классической механики, понять явления, протекающие в мире микрочастиц, не представляется возможным. Потребовались принципиально новые подходы к описанию этих явлений.

Одним из первых исследователей, попытавшихся не только объяснить, но и описать суть явлений микромира, явился Г.А. Гамов [1, 2]. В 1928 году им была разработана теория альфа-распада, основанная на туннельном эффекте. Теория Гамова позволила описать с вполне разумной точностью периоды распада различных ядер во всем огромном диапазоне их величин. Дальнейшие уточнения этой теории привели лишь к небольшим поправкам. В годы создания квантовой механики успех теории туннелирования $\alpha - \textit{частиц}$ из ядер оказался убедительным аргументом в пользу справедливости основ новой квантовой физики и, в первую очередь, корпускулярно-волновой природы элементарных частиц. С точки зрения Г.А. Гамова «α-частица, проходя через барьер, более высокий, чем ее полная энергия, должна была бы обладать внутри барьера «отрицательной кинетической энергией» и, следовательно, «мнимой скоростью». Однако возможность такого явления, находящегося в резком противоречии с классической механикой, есть прямое следствие современной волновой механики [3, 4]. Подобно тому, как в волновой оптике свет, падая на границу раздела двух сред под углом большим, чем угол полного внутреннего отражения, отчасти проникает во вторую среду, так же точно в волновой механике волны де Бройля-Шредингера могут отчасти проникать в область „мнимой скорости", давая возможность частицам „перекатиться" через барьер.»

Если в качестве микрочастицы рассматривать электрон, то нельзя оставаться в рамках классической механики. Действительно, хорошо известно, что электрону присущи как корпускулярные, так и волновые свойства. Длина волны де Бройля для материального тела с массой m и скоростью υ описывается соотношением [5, 6]

$$\lambda_D = \frac{2\pi\hbar}{m\upsilon}, \qquad (1)$$

Где $\hbar = \frac{h}{2\pi}$, h - постоянная Планка.

Если масса m экстремально мала (как у электрона) и скорость υ не слишком велика, то длина волны де Бройля может быть весьма значительной. Так, например, для электрона, имеющего кинетическую энергию порядка 1 эВ, величина λ_D оказывается приблизительно равной $1,23 \cdot 10^{-7}$ см. В атомных масштабах это очень большая величина, более чем на порядок превышающая размер атома водорода. Если ширина потенциального барьера $R < \lambda_D$, (а в данном случае $R \ll \lambda_D$), то электрон с определенной вероятностью может оказаться с другой его стороны, электрон протуннелирует через барьер, не изменив при этом своей энергии.

Интересный результат дает квантовая механика и в случае, когда высота барьера равна энергии частицы. Оказывается, что в этих условиях вероятность прохождения частицей барьера и вероятность отражения от него равны. А, следовательно, вероятность туннелирования будет равна 0,5. Эта вероятность может приближаться к единице лишь при очень большом превышении энергии частицы E над высотой барьера V.

Туннельный эффект — явление исключительно квантовой природы, невозможное в классической механике и даже полностью противоречащее ей. Явление туннелирования лежит в основе многих важных процессов в атомной и молекулярной физике, в физике атомного ядра, твёрдого тела и так далее.

1.1.1. Квантово-механические представления о туннельном эффекте.

В работах [7, 8] проведена глубокая проработка туннельного эффекта, как явления, и развита система его количественного описания, заложенная еще в работе [1].

Согласно классической механике, частица может находиться лишь в тех точках пространства, в которых её потенциальная энергия U_{pot}, меньше полной− E. Это следует из того обстоятельства, что кинетическая энергия частицы

$$E_K = \frac{p^2}{2m} = E - U_{pot} \qquad (2)$$

не может (в классической физике) быть отрицательной, так как в таком случае импульс будет мнимой величиной. То есть, если две области пространства разделены потенциальным барьером, таким, что , $U_{pot} > E$ просачивание частицы сквозь него в рамках классической теории оказывается невозможным. В квантовой же механике мнимое значение импульса частицы соответствует экспоненциальной зависимости волновой функции от её координаты [9, 10].

Суть туннельного эффекта можно представить себе на основе соотношения неопределённостей Гейзенберга в виде:

$$\Delta x \Delta p_x \geq \frac{\hbar}{2}, \qquad (3)$$

где Δx - точность определения координаты, Δp_x- определенность значения импульса.

Из этого соотношения вытекает вывод о том, что невозможно точно определить и положение, и импульс частицы одновременно. Таким образом, малая неопределённость координаты частицы (с точностью до толщины барьера) приводит к неопределенности ее импульса, а следовательно, и кинетической энергии. Соответственно, появляется некоторая вероятность прохождения частицы сквозь барьер. Случайным образом неопределённость импульса может добавить частице некоторую величину энергии, что позволит ей преодолеть барьер. Таким образом, с некоторой вероятностью квантовая частица может проникнуть через барьер, то есть «определиться» в точке, расположенной за барьером, и при этом средняя энергия частицы останется неизменной.

При оценке «туннелирующей способности» различных микрочастиц необходимо прежде всего учитывать ее массу. Чем меньше масса частицы, тем больше вероятность туннельного эффекта [11]. Так, в работе [12] показано, что при высоте барьера в 2 эВ и ширине 10^{-8} см вероятность прохождения сквозь барьер для электрона с энергией 1 эВ равна 0,78, а для протона с той же энергией лишь $3,6 \times 10^{-19}$. Отсюда становится очевидным, почему методики, использующие эффект туннелирования, основаны почти исключительно на потоках именно электронов.

1.1.2. **Туннельный эффект на практике.**

Обнаружение туннельного эффекта вызвало буквально прорыв во многих направлениях его практического применения. К числу наиболее важных разработок, основанных на туннельном эффекте, следует отнести туннельные транзисторы (триод и диод) и контакт Джозефсона.

Выдающуюся роль в прикладных разработках по использованию туннельного эффекта принадлежит японскому физику Лео Эсаки [13], ставшему лауреатом Нобелевской премии по физике в 1973 году. (совместно с Айвором Джайевером) «за экспериментальные открытия туннельных явлений в полупроводниках и сверхпроводниках». Вторая половина премии присуждена Б. Д. Джозефсону [14] «за теоретическое предсказание свойств тока, проходящего через туннельный барьер, в частности явлений, общеизвестных ныне под названием эффектов Джозефсона». Лео Эсаки также известен как изобретатель диода Эсаки, использующего эффект туннелирования электронов.

Макет туннельного транзистора представлен на фиг. 2 [15]. В туннельном транзисторе, в отличие от обычного полевого, канал контролируется с помощью квантового туннельного эффекта, а не инжекции

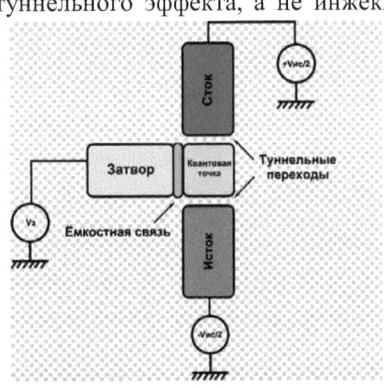

Фиг. 2. Макет туннельного
транзистора [15].

Фиг. 3. Схема одноэлектронного
туннельного транзистора [16].

заряда. То есть в случае приложении внешнего напряжения электроны преодолевают потенциальный барьер со значительно большей вероятностью. Теоретические расчёты показывают, что такой транзистор будет требовать в несколько раз меньшего напряжения для переключения состояний, а значит, значительно снизит энергопотребление микросхем.

В 2008 г. группа учёных из университета Манчестера (А. Гейм, К. Новосёлов, Л. Пономаренко и др.) сообщила о результатах эксперимента, в котором доказана принципиальная возможность создания одноэлектронного транзистора с размерами около 10 нм   [16]. Схема такого транзистора представлена на фиг. 3. Подобный одноэлектронный транзистор может являться единичным элементом будущих микросхем. Исследователи графена считают, что именно использование этой структуры поможет сократить размеры квантовой точки до 1 нм, при этом физические характеристики транзистора не должны измениться.

Аналогично полевому полупроводниковому транзистору, одноэлектронный транзистор имеет три электрода: исток, сток и затвор. В области между электродами располагаются два туннельных перехода, через которые и может при определённых условиях происходить движение электрона. Электрический потенциал может регулироваться изменением напряжения на затворе через ёмкостную связь. Если приложить напряжение между истоком и стоком, то ток, вообще говоря, протекать не будет, поскольку электроны заблокированы на наночастице. Когда потенциал на затворе станет больше некоторого порогового значения, кулоновская блокада прорвётся, электрон пройдёт через барьер, и в цепи исток-сток начнёт протекать ток. При этом ток в цепи будет протекать порциями, что соответствует движению единичных электронов. Таким образом, управляя потенциалом на затворе, можно пропускать через кулоновские барьеры одиночные электроны.

Чрезвычайно важное следствие туннельного эффекта обнаружил Британский ученый Б. Д. Джозефсон [14]. Оказалось, что тонкая прослойка диэлектрика, разделяющая две пластины из сверхпроводника, сама приобретает свойства сверхпроводимости. Это явление получило название - эффект

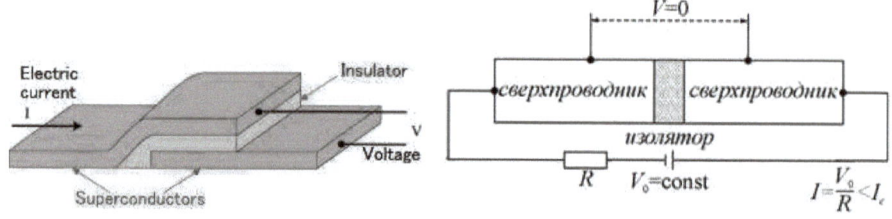

Фиг.4. Пример конструкции Джозефсона и ее электрическая схема [14].

Джозефсона. Из представленной на фиг. 4 схемы следует, что падение напряжения на диэлектрической прослойке, перешедшей в состояние сверхпроводимости, становится равным нулю.

Самое распространенное практическое применение эффекта Джозефсона, вытекающего из туннельного эффекта, основано на прогнозе, даваемом квантовой механикой: если сделать небольшой сверхпроводящий контур с двумя встроенными переходами Джозефсона на каждой стороне (см. фиг.5), а затем пропустить по нему ток, получим

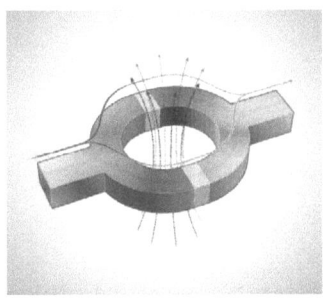

Фиг. 5. Сверхпроводниковый квантовый

интерферометр Джозефсона [17].

прибор под названием «сверхпроводниковый квантовый интерферометр», или СКВИД (от английского SQUID -- Superconducting QUantum Interference Device) [15]. Основным достоинством этого интерферометра является его высочайшая чувствительность. Это -- самый точный на сегодняшний день прибор для измерения магнитных полей, и при этом весьма компактный. Он находит самое широкое практическое применение в самых разных областях, начиная с предсказания землетрясений и заканчивая медицинской диагностикой. С помощью этого прибора можно даже с достаточной точностью измерять сверхслабые магнитные поля биологического происхождения.

Однако, важнейшим применением эффекта туннелирования электронов, повидимому, следует признать разработку сканирующей туннельной микроскопии и спектроскопии [18]. В связи с тем, что эта методика является основополагающей в данной работе, остановимся на ней более подробно.

1.1.3. Сканирующая туннельная микроскопия.

Сканирующий туннельный микроскоп (СТМ)- первый из сканирующих зондовых микроскопов [19 – 21] был создан в 1981 году Гердом Биннингом и Генрихом Рорером (Gerd Binnig, Heinrich Rohrer), которые в 1986 году за эту разработку получили Нобелевскую премию по физике [22, 23]. СТМ был первым инструментом, который позволил получить изображение поверхности кремния с атомным разрешением. В сканирующем туннельном микроскопе острие металлической иглы подводится на расстояние z < 10 Å к проводящей поверхности. Когда напряжение подается между иглой и образцом, электроны начинают туннелировать через потенциальный барьер и возникает туннельный ток порядка от 10 pA до 10 nA. Ток имеет экспоненциальную зависимость от расстояния между иглой и образцом, в результате получается изображение поверхности образца с атомарным разрешением.

Блок-схема сканирующего туннельного микроскопа представлена на фиг. 6. А схема основного узла СТМ представлена на фиг. 7. Атомарно острая игла, изготавливаемая, например, из проволоки W, Pt-Ir, Au, играет роль щупа при сканировании поверхности. Острие иглы в идеальном случае должно содержать лишь один атом.

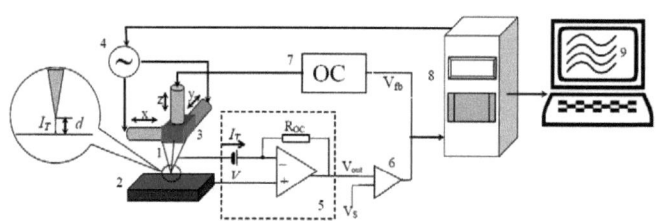

Фиг. 6. Схема сканирующего туннельного микроскопа [24, 18]. Здесь: 1-зонд, 2-образец, 3-пьезоэлектрические двигатели x,y,z. 4-генератор развертки x,y, 5-туннельный сенсор, 6- компаратор, 7- система обратной связи, 8- компьютер, 9-изображение z(x,y) .

Сканирующая система, обеспечивающая перемещение иглы в направлении трех координатных осей x, y и z, включает в себя пьезокристаллы P_x, P_y и P_z, преобразующие электрические сигналы в механическое перемещение по направлениям координатных осей. Эта система позволяет обепечить перемещения с точностью до долей Ангстрема.

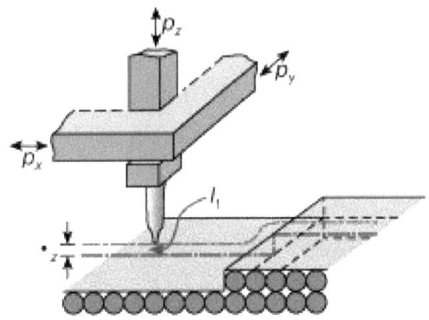

Фиг. 7. Схема устройства основного узла СТМ [25].

В СТМ зонд подводится к поверхности образца на расстояние Z в несколько Ангстрем. При этом образуется туннельно-прозрачный потенциальный барьер, величина которого определяется, в основном, значениями работы выхода электронов из материала зонда ϕ_p и образца ϕ_s. При качественном рассмотрении барьер можно считать прямоугольным с эффективной высотой, равной средней работе выхода материалов:

$$\varphi^* = \frac{1}{2}(\varphi_p + \varphi_s) \qquad (4)$$

При приложении к туннельному контакту разности потенциалов V между зондом и образцом появляется туннельный ток. Выражение для плотности туннельного тока (в одномерном приближении) имеет следующий вид:

$$j_t = \frac{e^2\sqrt{2m\varphi^*}}{h^2} \cdot \frac{V}{\Delta Z}\exp\left(-\frac{4\pi}{h}\sqrt{2m\varphi^*}\Delta Z\right) \qquad (5)$$

Решающую роль в этой зависимости играет экспоненциальный сомножитель. Поэтому для приближенных оценок часто пользуются упрощенной формулой:

$$j_t = j_0(V)\exp\left(-\frac{4\pi}{h}\sqrt{2m\varphi^*}\Delta Z\right), \qquad (6)$$

в которой величина $j_0(V)$ считается независящей от изменения расстояния зонд-образец. Для типичных значений работы выхода ($\phi \sim 4$ эВ) при изменении ΔZ на ~ 1 Å величина тока меняется на порядок. Это свидетельствует о высокой чувствительности метода.

При сканировании микрорельефа поверхности используются два варианта режима [26]:

- режим, при котором поддерживается постоянным туннельный ток в зазоре щуп-поверхность кристалла (фиг. 8 а), и режим, при котором поддерживается постоянное среднее расстояние между щупом и поверхностью (фиг. 8 б).

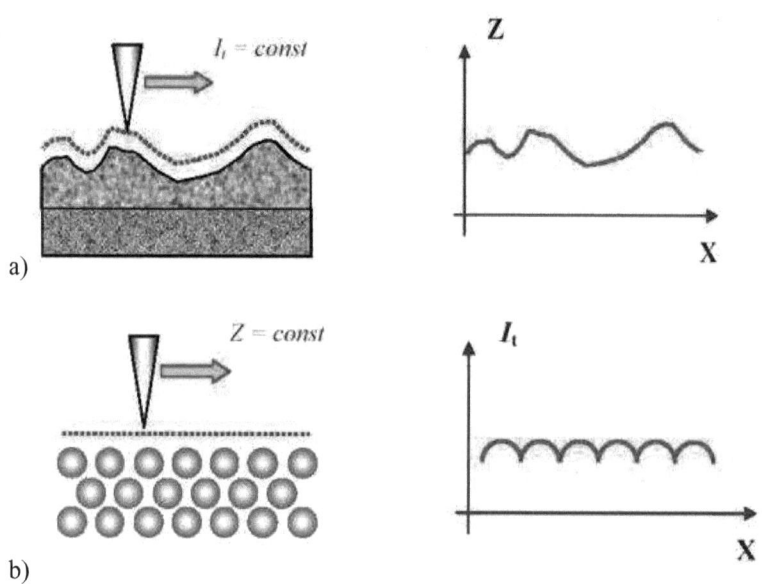

Фиг. 8. а – вариант постоянного тока (I=Const), b – вариант постоянного среднего расстояния (Z=Const) [26].

При первом варианте постоянство туннельного тока обеспечивается автоматическим перемещением щупа в направлении оси Z, то есть по нормали к сканируемой поверхности. При этом поддерживается постоянство зазора между щупом и сканируемой точкой поверхности (ΔZ =Const). Таким образом, в этом варианте острие щупа непосредственно копирует микрорельеф поверхности.

При втором варианте изменение зазора вызывает изменение туннельного тока, по которому и определяется имеющийся зазор в каждый момент сканирования. Следовательно, при втором варианте рельеф поверхности определяется не непосредственно, как в первом варианте, а путем пересчета по имеющимся зависимостям величины зазора от значения туннельного тока. Этот вариант проще в реализации, но использовать его не во всех случаях возможно.

При исследовании атомарно гладких поверхностей (без резких перепадов и ступенек) часто более эффективным оказывается получение СТМ изображения поверхности по методу постоянной высоты $Z = const$. В этом случае зонд перемещается над поверхностью на расстоянии нескольких Ангстрем. Сканирование в этом случае может производиться при отключенной системе обратной связи. В данном способе реализуются очень высокие скорости сканирования, что позволяет вести наблюдение за изменениями, происходящими на поверхности, практически в реальном времени.

Использование же способа сканирования с постоянной силой тока позволяет исследовать негладкие поверхности, например, поверхности со ступеньками или с незаполненным монослоем на поверхности.

Высокое пространственное разрешение СТМ определяется экспоненциальной зависимостью (6) туннельного тока от расстояния до поверхности. Разрешение в направлении по нормали к поверхности достигает долей Å. Латеральное же разрешение зависит от качества зонда и определяется, в основном, не макроскопическим радиусом кривизны кончика острия, а его атомарной структурой. При правильной подготовке зонда на его кончике с большой вероятностью находится либо одиночный выступающий атом, либо небольшой кластер атомов.

Действительно, туннельный ток протекает между поверхностными атомами образца и атомами зонда. Атом, выступающий над поверхностью зонда, находится ближе к поверхности на расстояние, равное величине периода кристаллической решетки. Поскольку зависимость туннельного тока от расстояния экспоненциальная, то ток в этом случае течет, в основном, между поверхностью образца и выступающим атомом на кончике зонда.

С помощью СТМ можно снимать также вольт-амперные характеристики туннельного контакта в различных точках поверхности, что позволяет судить о локальной проводимости образца и изучать особенности локальной плотности состояний в энергетическом спектре электронов [27]. Для регистрации вольт-амперных характеристик туннельного контакта в СТМ применяется следующая методика. Зонд СТМ выводится сканером в точку, интересующую исследователя, отключается обратная связь и к туннельному промежутку прикладывается напряжение, линейно изменяющееся в положительном и отрицательном направлениях.. При этом синхронно с изменением напряжения регистрируется ток, протекающий через туннельный контакт. При необходимости процедура снятия вольт-амперной характеристики повторяется N раз для формирования усредненной зависимости туннельного тока от напряжения. Эта методика относится к категории спектроскопических исследований.

Работа сканирующего туннельного микроскопа целиком основана на квантово-механических закономерностях, и поэтому его возможности близки к фундаментальным физическим пределам, на которые сегодня выходит технология. Таким образом, в современной технологии квантовая механика приобретает статус не только физико-теоретической, но и инженерной дисциплины.

1.1.4. Структура поверхностных слоев кристаллических тел.

Проблемы поверхности вызывают сегодня, пожалуй, наибольший интерес у физиков. И не только научный интерес, но и самые разнообразные эмоции [28]. Например, знаменитый теоретик Вольфганг Паули однажды раздраженно воскликнул: «Поверхность создана дьяволом!» Другой великий физик Энрико Ферми выразил скорее сожаление, чем гнев: «Поверхности очень интересны, но ведь их так мало...». По-видимому, Ферми имел в виду, во-первых, то, что поверхность занимает лишь очень малую часть массивного тела, и, во-вторых, что ее невозможно получить в чистом виде, необходимом для изучения средствами экспериментальной физики.

Известно, что поверхностные слои кристаллических тел существенно отличаются от их структуры внутри. Эта проблема заинтересовала исследователей еще в середине прошлого века. Развитие нанотехнологий вынудило исследователей еще более внимательно заняться изучением свойств поверхностных слоев кристаллических тел [23, 29, 30]. Сегодня с помощью изощренных технологических приемов на одном квадратном миллиметре кремниевого кристалла формируется несколько миллионов элементов – транзисторов, конденсаторов, сопротивлений. Новейшая технология перешла на субмикронный уровень. И на передний план выдвинулись проблемы физики поверхности. Уже сегодня поверхность чипа, а не его объем стала играть определяющую роль и при выполнении им логических функций, и при взаимодействии с другими элементами.

Атомы поверхностных слоев твердого тела находятся в особых условиях по сравнению с атомами внутри него. И поэтому поведение электронов на поверхности твердого тела совсем не такое, как в его объеме. С точки зрения электронных свойств поверхностная область твердого тела, его «оболочка» – это особое состояние вещества. Атомная же структура кристалла, то есть расположение и свойства его решеточных слоев, вблизи поверхности тоже совершенно иная, чем в объеме. По существу, поверхность твердого тела и его «внутренность» – две разные формы одного и того же вещества. Поэтому физика поверхности стала новой областью науки о строении вещества в конденсированном состоянии.

Одним из первых ученых, подробно исследовавших свойства поверхностей разрыва кристаллических тел, был выдающийся американский физик и математик Джозайя Уиллард Гиббс (1839 – 1903). В своей знаменитой работе «О равновесии гетерогенных веществ» Гиббс впервые рассмотрел поверхность как самостоятельную подсистему. Такой подход позволил Гиббсу создать макроскопическую теорию поверхностных явлений и количественно объяснить адсорбцию, то есть способность поверхностей поглощать молекулы из окружающей среды.

Поверхность – это особое состояние вещества. В простейшем случае соседние атомы поверхностного слоя объединяются в пары, которые называют димерами. Атомы каждого димера сближаются друг с другом, одновременно удаляясь от соседних атомов на поверхности, вошедших в другие димеры (фиг. 9). При этом на поверхности изменяются структура и период кристаллической решетки. Это и есть реконструкция поверхности.

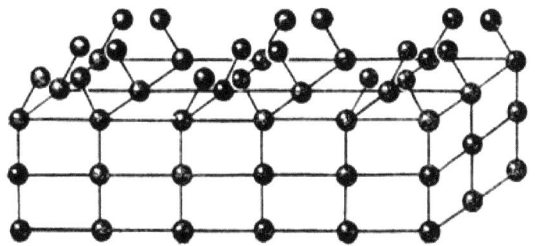

Фиг. 9. Пример реконструкции поверхностного слоя атомов с образованием димеров (перестройка – 2×1) [31, 32].

После образования димеров поверхность может быть совмещена сама с собой только после сдвига на расстояние между центрами соседних димеров, которое вдвое больше периода решетки во внутренних слоях. Такую реконструкцию обозначают символом 2×1, показывающим, что период вдоль одного из направлений на поверхности удвоился, а вдоль другого – остался прежним.

Реконструкция 2×1 – самая простая и типичная перестройка поверхности. В кремнии и германии при определенной температуре структура поверхности может резко измениться. Вместо решетки 1×1 или 2×1 появляется гораздо более сложная структура: 7×7 в кремнии [33] или 2×8 в германии. Другими словами, при реконструкции атомы поверхностного слоя объединяются в укрупненные ячейки, захватывающие в себя все атомы ячеек исходной решетки.

До классических исследований американского ученого Ирвинга Ленгмюра, выполненных в начале 20-х годов и развивавших идеи Гиббса, изучение поверхностей было одним из разделов физической химии. Физики смогли предметно заняться исследованием микроструктуры и физических явлений на поверхности в 70-х годах прошедшего столетия после освоения техники ультравысокого вакуума – давлений $10^{-10} - 10^{-11}$ мм ртутного столба.

Нанесение тонких пленок на поверхностный слой потребовало серьезного изучения свойств поверхностных слоев самих кристаллических тел. В работах [34 – 36] рассмотрено множество факторов, определяющих свойства поверхностных слоев, и история развития этой области. Основные этапы исследования поверхностных слоев кристаллов подробно изложено в работах [37, 38]. Заметные различия от структуры внутренних слоев кристаллической решетки возникают в тонких поверхностных слоях не превышающих где-то 10Å, то есть не выходят за пределы нескольких межатомных расстояний.

Кристаллические тела и их поверхности обладают значительным количеством дефектов кристаллической решетки. Эти дефекты могут быть точечными, линейными или двумерными. Характер этих дефектов существенно зависит от того, при каких условиях эти поверхности образовались, то есть от температуры, свойств газовой среды, формирования поверхностной структуры. В значительной степени именно характер возникающих дефектов определяет свойства монопленок. Это напрямую касается получения различного рода полупроводниковых приборов.

Большой интерес для физики представляет изучение динамики реконструкции – самого процесса перехода поверхности от одной кристаллической структуры к другой. Это превращение можно считать фазовым переходом в «поверхностном веществе», который происходит при определенных температуре и давлении.

Различным образом ориентированные кристаллографические плоскости могут обладать различными физическими свойствами. Определение таких плоскостей принято производить с помощью индексов Миллера. В связи с поставленной в работе задачей, нас будут в первую очередь интересовать кристаллографические поверхности (111) и (557) в кристалле Si. Связано это прежде всего с тем, что для гранецентрированного кубического кристалла плоскость (111) оказывается наиболее плотноупакованной.

На практике плоскость скола кристалла может не совпадать с определенной кристаллографической плоскостью. В этом случае должен быть задан угол отклонения плоскости скола от кристаллографической плоскости. Эта поверхность уже не является плоской, на ней образуются различного рода ступеньки. Такая поверхность называется вицинальной. Так, поверхность (557) является ступенчатой со структурой террас (111).

Элементарная ячейка поверхностного слоя кристаллической решетки может существенно отличаться от элементарной ячейки подслоя. Структура поверхностного слоя может представлять собой весьма сложную конструкцию из атомов этого слоя, элементы этой конструкции могут включать в себя значительное количество атомов в каждой цепочке, например, на поверхности кремния с индексами (111) могут образовываться ячейки с размером 7х7 в пересчете на размер параметра кристаллической решетки кремния в подслое. Ниже будут рассмотрены структуры таких ступенек.

1.1.5. Сверхглубокий вакуум в СТМ.

Одним из первых исследователей вакуума оказался мэр города Магдебург Отто фон Герике [39]. Свой первый вакуумный насос он сделал в 1647 году. Потом усовершенствовал его и даже построил первые многоуровневые системы откачки. Так блее 300 лет назад было положено начало вакуумной технике. А созданному в 1995 году в Магдебурге университету было заслуженно присвоено имя Отто фон Герике.

С чем связана необходимость создания глубокого вакуума при исследовании поверхностных слоев кристаллических тел? Прежде всего это связано с тем, что каждое из таких исследований выполняется в течение длительного времени. И очень важно, чтобы в течение этого времени исследуемая структура не претерпевала заметных изменений [40]. А это значит, что воздействие молекул из газовой среды на исследуемую поверхность должно быть практически незаметным. Согласно кинетической теории газов поток молекул S, падающий на поверхность из окружающей среды, определяется выражением

$$S = \frac{p}{\sqrt{2\pi m k_b T}} \tag{7}$$

Здесь p – давление, m - масса молекулы, k_b - константа Больцмана, T - температура.

Таким образом, воздействие среды на поверхность в первом приближении пропорционально давлению в среде. Даже при сверхвысоком вакууме (10^{-9} Торр) осаждение на поверхность молекул из газовой среды оказывается заметным, в течение часа на поверхности может образоваться новый монослой. Поэтому в рабочей камере необходимо иметь вакуум глубже, чем 10^{-9} Торр.

Большую роль в реализации вакуума играют размеры (диаметр и длина) и форма (наличие переходов и изгибов) откачной трубы. Известно, например, что поворот трубы на 90 град. снижает скорость откачки в два раза. При создании вакуума большую роль играет процесс дегазации, то есть десорбции молекул с внутренних поверхностей вакуумной системы. После контакта с внешней атмосферой эти поверхности покрываются пленкой из молекул воды, кислорода, водорода и других составляющих воздушной среды. Для ускорения десорбции газовых молекул с внутренних поверхностей вакуумной системы производится общий прогрев системы. В связи с этим одним из основных условий, предъявляемых к материалам вакуумной камеры, кроме низкого давления собственных паров является способность выдерживать общий прогрев.

Основным конструкционным материалом для изготовлении элементов камеры является нержавеющая сталь (например, хромо-никелево-титановая сталь). К ее основным достоинствам следует отнести низкую проницаемость для газов, высокую сопротивляемость коррозии и возможность тонкой полировки. Широко применяются также медь, алюминий и тугоплавкие металлы тантал, вольфрам и молибден. Используются различные виды керамики. Но большинство пластиков и резин не пригодны к условиям сверхвысокого вакуума и применяются только в форвакуумной части системы. Используются некоторые виды пластиков, например, тефлон, витон и силикон, способные длительное время выдерживать температуры до 200 – 250°C. Однако нельзя использовать материалы, покрытые цинком или кадмием из-за сильного газовыделения. Иногда даже использование винтов, покрытых кадмием, может вызвать серьезные проблемы.

Глава 1.2. Материалы, используемые в исследовании.

Используемые в микроэлектронике материалы можно разделить на две группы: материалы основы, на которой создается структура (кремний, германий), и элементы, вводимые в основу в качестве добавок для придания кристаллу или его поверхности требуемых свойств, например, бор, алюминий, гафний, индий. В предлагаемом исследовании будут рассматриваться в основном кремний и индий.

1.2.1. Кремний

Кремний это полупроводниковый элемент четвертой группы периодической системы элементов таблицы Менделеева. Структура кремния подобна структуре алмаза: кристаллическая решетка кубическая гранецентрированная, но из-за большей длины связи между атомами Si-Si по сравнению с длиной связи C-C твердость кремния значительно меньше, чем алмаза. Параметр кристаллической решетки кремния составляет a = 0,54307 нм [41, 42]. Кремний является непрямозонным полупроводником, его запрещенная зона составляет 1,11 eV [43, 44] при комнатной температуре.

Кремний хрупок, только при нагревании выше 800°C он становится пластичным веществом. Кремний прозрачен для инфракрасного излучения, начиная с длины волны 1,1 мкм. Он же способен преломлять рентгеновские лучи. Это позволяет изготавливать из него линзы для рентгеновской преломляющей оптики.

Содержание кремния в земной коре составляет по разным оценкам 27,6 - 29,5 % по массе. Таким образом по распространённости в земной коре кремний занимает второе место после кислорода. В чистом виде кремний был выделен в 1811 году французскими учёными Жозефом Луи Гей-Люссаком и Луи Жаком Тенаром [45]. В 1825 году шведский химик Йёнс Якоб Берцелиус, используя иные технологии, также получил чистый элементарный кремний.

Очистка кремния – сложная, многоступенчатая технологическая операция. В результате очистки содержание примесей в кремнии может быть снижено до 10^{-8}—10^{-6} % по массе. Область использования кремния определяется уровнем его очистки:

1. Кремний для электроники — наиболее качественный кремний с содержанием кремния свыше 99,999 % по весу, используется для производства твердотельных электронных приборов, микросхем и т. п.

2. Кремний, применяемый для солнечных батарей, то есть для производства фотоэлектрических преобразователей — содержание кремния свыше 99,99 % по весу.

3. Технический кремний — блоки поликристаллической структуры содержат 98 % кремния, основная примесь — углерод, отличается высоким содержанием легирующих элементов — бора, фосфора, алюминия; в основном используется для получения поликристаллического кремния.

Общее число электронов в атоме кремния – 14. Действие ядра на каждый из четырех валентный электронов эквивалентно притяжению со стороны четырех протонов (с учетом экранирования ядра десятью электронами на внутренних орбитах). Если принять для оценки, что электрическое поле, создаваемое ядром и частично экранирующими его электронами внутренних оболочек, действует на валентный электрон как поле точечного заряда, то, исходя из закона Кулона, можно найти среднюю величину напряженности поля, удерживающего валентный электрон на орбите:

$$E = \frac{4e}{4\pi\varepsilon_0 a},\qquad\qquad(8)$$

где e - заряд электрона, $\varepsilon_0 = 8,85 \cdot 10^{-12}$ Ф/м - электрическая постоянная, a - расстояние между атомами кристаллической решетки.

В большинстве твердых тел величина a равняется долям нанометра. В кремнии a = 0,54 нм. Из выражения (8) получим E = $2 \cdot 10^{10}$ В/м. Чтобы лучше представить себе уровень этой напряженности поля, вспомним, что напряженность поля в молнии равна 10^6 В/м.

Можно сказать, что никакой принципиальной качественной разницы между полупроводниками и диэлектриками не существует [7]. Разница между ними скорее количественная. Она определяется величиной энергии, которую нужно затратить, чтобы разорвать электронную связь между атомами. Чем выше эта величина, тем больше оснований считать, что мы имеем дело с диэлектриком. И наоборот. Отсюда, чистый кремний без каких-либо включений мог бы располагаться где то между диэлектриками и полупроводниками, ближе к полупроводникам. Ширина запрещенной зоны его при комнатной температуре 1,09 эВ.

На электрофизические свойства самого кристаллического кремния решающее влияние оказывают содержащиеся в нём примеси. Для получения кристаллов кремния с дырочной проводимостью в кремний вводят атомы элементов III-й группы, таких как бор, алюминий, галлий, индий (B, Al, Ga, In). Для получения кристаллов кремния с электронной проводимостью в кремний вводят атомы элементов V-й группы, таких как фосфор, мышьяк, сурьма (P, As, Sb).

При создании электронных приборов на основе кремния задействуется преимущественно приповерхностный слой материала (до десятков микрон) [46], поэтому качество поверхности кристалла оказывает решающее влияние на электрофизические свойства кремния и, соответственно, на свойства готового прибора.

Под поверхностной фазой понимают тонкий двумерный слой на поверхности монокристалла, находящийся в термодинамическом равновесии с объемной фазой. Поверхностная фаза может быть сформирована не только инородными атомами, напыляемыми на поверхность, но и теми же атомами, что и объемная фаза (например, реконструкция Si(111)7x7 на атомарно-чистой поверхности кремния) [47, 48].

При изготовлении гетероструктур в электронной промышленности на поверхность кремния напыляют атомарные слои различных элементов (In, Al, Ga). Напыление на реконструированную поверхность кремния вызывает радикальные изменения структуры поверхности и ее свойств. Характер этих структур зависит от силы взаимодействия между адсорбатом и подложкой. При этом может возникать или физодсорбция (слабое взаимодействие), или хемодсорбция (сильное взаимодействие). Это разделение весьма условно, поэтому в качестве граничного значения принята энергия связи между адсорбатом и подложкой около 0,5 эВ на молекулу или атом.

Термин физодсорбция относится к случаю слабого взаимодействия между адсорбатом и подложкой под действием сил Ван-дер-Ваальса. Типичные энергии связи в этом случае порядка 10-100 мэВ. Так как взаимодействие слабое, физодсорбированный атом существенно не возмущает структуру поверхности вблизи места адсорбции.

Хемосорбция соответствует случаю, когда адсорбат образует прочную химическую связь с атомами подложки. Эта связь может быть либо ковалентной (с обобществлением электронов), либо ионной (с переносом заряда). Типичные энергии связи в этом случае порядка 1-10 эВ. Сильное взаимодействие изменяет химическое состояние адсорбата. Структура подложки тоже меняется: эти изменения варьируются от релаксации расстояния между верхними слоями подложки до реконструкции подложки, включающей в себя полную перестройку атомной структуры верхних слоев.

Покрытие адсорбата - это поверхностная концентрация атомов (или молекул) адсорбата, выраженная в единицах монослоев (МС). Один монослой соответствует концентрации, при которой на каждую элементарную ячейку 1x1 идеальной нереконструированной поверхности подложки приходится один адсорбированный атом (или одна адсорбированная молекула).

Если напылить на подложку монослой адсорбированного вещества с количеством атомов, равным количеству атомов подложки, то лишь часть из них составит слой толщиной в один атом. Именно эти атомы сформируют поверхностную фазу - новое вещество из атомов подложки и атомов со своей собственной электронной структурой, кристаллической решеткой и свойствами. Избыточные же атомы располагаются в следующем слое, образуя самостоятельную структуру, целиком составленную из этих атомов. Атомы первого напыленного слоя относительно сильно связаны с подложкой и определяют поверхностную реконструкцию подложки. Атомы же последующих слоев относительно слабо связаны с подложкой и не участвуют в реконструкции поверхности. Это различие между первым слоем и последующими определяет природу всех поверхностных процессов и обычно принимается во внимание при формировании поверхностных фаз и поверхностных процессов.

Для образования поверхностной фазы необходимы определенная концентрация чужеродных атомов (их должно хватить на образование первого слоя на поверхности основы). Это условие для многих материалов, напыляемых на поверхность Si(111)7x 7, выполняется при количестве атомов в слое порядка одной четверти монослоя. Известно, что на чистой поверхности кремния в сверхвысоком вакууме образуется поверхностная фаза Si(111)7x7 [49, 50]. После напыления инородного материала, например, Al или In, мгновенного образования поверхностной фазы Si-Al или Si-In не произойдет, хотя образование таких поверхностных фаз энергетически выгоднее, чем сохранение структуры Si(111)7x7. Это связано с тем, что перед образованием новой поверхностной фазы Si-Al или Si-In необходимо разрушить старую структуру (Si(111)7x7), которая обладает определенной термодинамической устойчивостью. Следовательно, для перестройки структуры потребуется время, в течение которого система перейдет в новое состояние термодинамического равновесия. Естественно, что это время зависит от температуры.

Энергетику будущего сегодня связывают с использованием возобновляемых источников, и в первую очередь, энергии солнечного излучения. В настоящее время большинство солнечных элементов делают на основе кремниевых подложек, которые могут быть либо монокристаллическими, либо мультикристаллическими. Обычно монокристаллические подложки имеют лучшие характеристики, но и более высокую стоимость.

В будущем же серьезную конкуренцию кремнию может составить карбид кремния. Главное преимущество этого материала — безотказная работа в жестких условиях (при перегревах, в сильных радиационных полях и т. п.). Поэтому на основе карбида кремния стали изготавливать в первую очередь те компоненты, для которых критически важна высокая выживаемость. Еще в 1980–1990-е годы возможно было использовать этот очень надежный, но гораздо более дорогой по сравнению с кремнием материал лишь в области военного космоса и спецтехники. Но уже сегодня карбид кремния все шире используется в мощных светодиодах, в электронике судовых электрогенераторов, солнечных электростанций, ветряков, а также в энергетических установках электромобилей и высокоскоростных локомотивов. Применительно к светодиодам кристаллическая решетка карбида кремния обладает бо́льшим сродством с кристаллической решеткой нитрида галлия (активного материала чипа, в котором происходит генерация света), а значит, чип на основе карбида при более низкой стоимости может выдавать более мощный поток света. Со временем он может вытеснить обычный кремний из силовой электроники.

1.2.2. Поверхность Si(111).

Особое внимание исследователей обращено на структуры, образующиеся на свободной поверхности Si(111), отличающейся весьма высокой плотностью упаковки атомов. На этой поверхности в зависимости от условий могут возникнуть различные варианты реконструкции. При сколе кристалла по поверхности (111) возникает реконструкция 2x1, эта структура метастабильна и постепенно переходит в реконструкцию 7x7. При наличии ступенек на поверхности и при недостаточной ширине их переход к реконструкции 7x7 может не произойти. Первое наблюдение поверхности Si(111)7x7 с помощью метода LEED выполнено в 1959 г. [51] .

В 1985 году Takayanagi с сотрудниками [52] предложили свою модель димеров, адатомов и дефектов упаковки (DAS-Modell, Dimer Adatom Stacking fault) реконструкции 7x7 (фиг. 10).

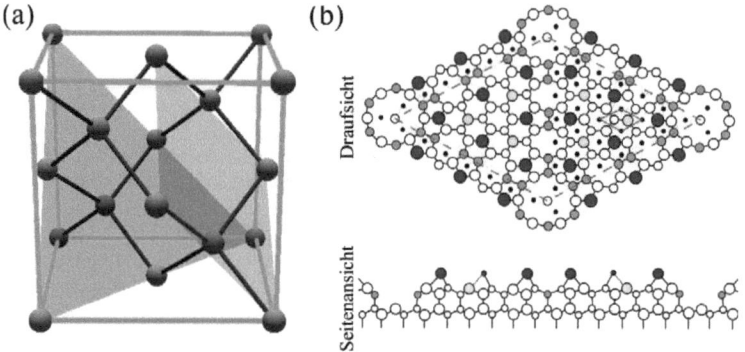

Фиг. 10. Реконструкция поверхности Si(111) 7x7 [52]. a - (синий цвет) поверхность (111); (розовый цвет) – a - нереконструированный фрагмент поверхности Si(111), b – реконструкция Si(111)7x7 , вид на плоскость и вид сбоку, синим цветом выделены адатомы, желтым цветом - рестатомы (Restatome) , зеленым цветом - димеры (Dimere).

То, что самый верхний слой поверхности состоит из адатомов было установлено Харрисоном (Harrison) [53]. Бинниг (Binnig) с сотрудниками [54] получили на сканирующем туннельном микроскопе изображение этой реконструкции. Могут возникнуть и другие варианты реконструкции, хотя их образование и менее вероятно. При наличии ступенек на поверхности и при недостаточной ширине их переход к реконструкции 7x7 может не произойти. При прогреве Si(111)7x7 до температуры 850° С, реконструкция разрушается и возникает «порядок-беспорядок» в структуре 1x1. Этот переход является обратимым и при медленном охлаждении реконструкция 7x7 восстанавливается.

Бинниг с сотрудниками получили первое изображение поверхности 7x7 с помощью сканирующего туннельного микроскопа. Основываясь на этих наблюдениях, Химпсел (Himpsel) [54] и МакРэй (McRae) [55] определили, что граница между треугольными подъячейками с дефектом упаковки (stacking fault) и без него содержит димеры. Данные просвечивающей электронной дифракции подтвердили эту модель [52].

DAS-структура 7x7 содержит в сумме 19 ненасыщенных связей на элементарную ячейку, из которых 12 приходится на адатомы, шесть на рест-атомы и одна на угловую ямку. Отметим, что в случае идеальной поверхности элементарная ячейка 7x7 содержит 49 ненасыщенных связей.

Исследования структуры поверхности кремния Si(111) 7x7 представляется перспективным для решения ряда прикладных задач. Вопросы роста самоорганизующихся кластеров на этой поверхности являются весьма важными для исследователей и специалистов различных направлений. Не случайно кластеры, возникающие при напылении определенных материалов на эту поверхность кремния названы магическими. По-видимому это вызвано тем, что именно в этих поверхностях и наносимых на них атомарных покрытиях заключено решение многих весьма важных задач.

1.2.3. Индий.

Индий (лат. Indium) [56] – металлический элемент III группы периодической системы Менделеева; атомный номер 49, атомная масса 114,82. В 1863 году немецкие ученые Ф. Райх и Т. Рихтер при спектроскопическом исследовании цинковой обманки обнаружили в спектре новые линии, принадлежащие неизвестному элементу. Новый элемент был назван Индием.

Индий - типичный рассеянный элемент, его среднее содержание в литосфере составляет $1,4 \cdot 10^{-5}$ % по массе. Его извлекают, как сопутствующий продукт при производстве цинка, свинца и олова. Это сырьё содержит от 0,001 % до 0,1 % индия. Из исходного сырья получают концентрат индия, из концентрата — черновой металл, который затем рафинируют.

Кристаллическая решетка Индия тетрагональная гранецентрированная с параметрами а = 4,583Å и с= 4,936Å. Атомный радиус 1,66Å; ионные радиусы In^{3+} 0,92Å, In^+ 1,30Å. Индий легкоплавок, его $t_{пл}$ 156,2°C. В соответствии с электронной конфигурацией атома $4d^{10}5s^25p^1$ Индий в соединениях проявляет валентность 1, 2 и 3 (преимущественно).

Наиболее широко Индий и его соединения (например, нитрид InN, фосфид InP, антимонид InSb) применяют в полупроводниковой технике. В микроэлектронике Индий используется, как акцепторная примесь к германию и кремнию, а так же применяется в производстве стекла для жидкокристаллических экранов.

Глава 1.3. Кластеры металлов III группы на поверхности Si(111) 7x7.

К металлам III группы относятся Al, Ga, In и Tl. В настоящее время широкое применение в микроэлектронике нашли первые три из этого ряда металлов. По атомарному весу они существенно отличаются друг от друга: 13, 31 и 49, соответственно. Однако, структура внешних, валентных оболочек этих элементов идентична, что делает их свойства во многом подобными. Исследуя образование кластеров при напылении этих элементов на поверхность Si(111) 7x7, можно убедиться в том, что образующиеся структуры кластеров оказываются практически идентичными. Поэтому полученные для одного элемента результаты можно с уверенностью распространять и на другие элементы этой группы.

Научная и практическая важность познания структуры и свойств поверхностных *слоев* кристаллического Кремния вызвали широкое развитие работ в этом направлении. Остановимся лишь на нескольких весьма интересных работах в этой области.

1.3.1. Образование кластеров индия.

В работах [57 - 60] прослеживается процесс формирования кластеров при напылении галлия (Ga), индия (In) и алюминия (Al) на поверхность Si(111) 7x7. Первоначально образуются кластеры на половинках FHUC ячеек 7x7 и имеют треугольную форму. И лишь после их заполнения начинают формироваться кластеры на вторых половинках UHUC ячеек 7x7.

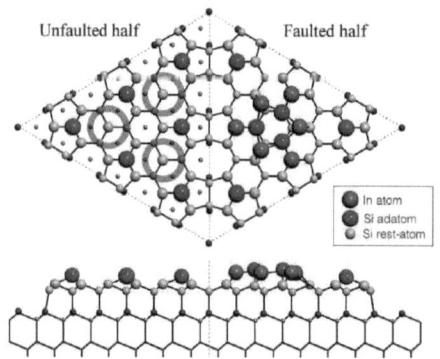

Фиг. 11. Перестройка структуры ячейки 7x7 при образовании кластера In [59].

На фиг. 11 представлена схема перестройки структуры ячейки 7х7, связанной с образованием кластера. При построении кластера 6 атомов напыляемого элемента оказываются связанными с тремя атомами кремния (адатомами). При этом замыкаются все связи. Именно благодаря этому обеспечивается стабильность кластеров типа M_6Si_3.

Тот же результат получен и при напылении Al. При завершении формирования кластеров напылением элемента группы 3 получаем однородное поле кластеров с покрытием 0,24 ML. Однако, это лишь средняя величина по всей поверхности. Реально же для завершения формирования большей части кластеров необходимо напыление до несколько большего уровня, так как часть напыляемых атомов может осаждаться на иные структуры поверхности. На этом остановимся ниже.

1.3.2. Свойства кластеров.

На фиг. 12. представлены результаты спектроскопических измерений в ряде точек, расположенных в пределах одной ячейки 7х7 поверхности Si(111). В этой ячейке при среднем значении нанесенного слоя индия на эту поверхность порядка ML=0,05 выбран один кластер In, который сформировался только на одной половине ячейки (на фиг. 12, левой). Выбранные для измерения точки A, B, C и D расположены на правой части ячейки, где еще сохранилась реконструированная поверхность Si(111) 7х7, то есть осаждение молекул In еще не произошло. Точки E, F, G и H расположены на левой части, где уже образовался кластер индия.

Ширина нижнего участка каждой спектральной кривой определяет ширину запрещенной зоны. Явно видно, что для точек правой части (не считая точку D, примыкающую к кластеру) запрещенные зоны отсутствуют. Отсюда следует вывод о том, что правая часть, то есть реконструированная поверхность Si(111)7х7, сохранила металлические свойства, а левая часть, т.е. образовавшийся кластер индия, приобрела полупроводниковые свойства. По мере заполнения кластерами индия всей поверхности, полупроводниковые свойства поверхности станут преобладающими. Что же касается точки D, то можно предположить, что на нее влияет кластер индия, к которому она примыкает.

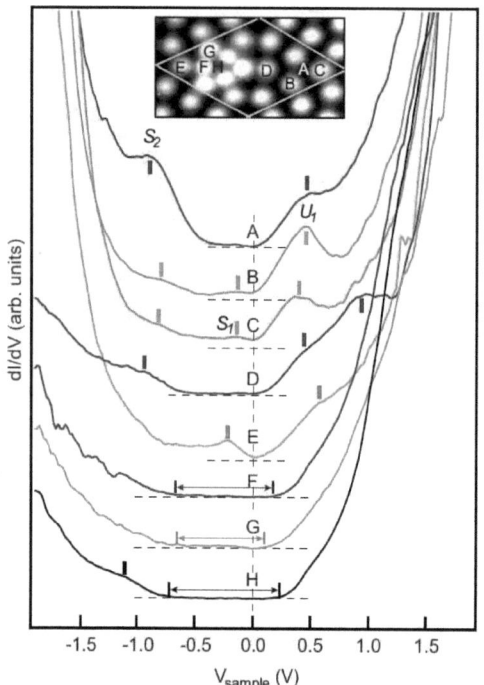

Фиг. 12. Результаты спектроскопических измерений для кластера индия и реконструкции 7х7 в пределах элементарной ячейки 7х7 [44, 61].

1.3.3. Отклонения в структуре кластеров.

В работе [56] обнаружено интересное явление, которое можно наблюдать на фиг. 13: часть адатомов кремния могут при напылении быть замещены атомами Ga, то есть три атома Ga как бы смещают три адатома кремния и сами занимают их места. Такие замены могут составить до 40 процентов от общего числа атомов Si в кластере. Авторы работы пока не делают из этого каких-либо выводов. Однако, очевидно, что такие изменения в структуре кластеров не могут не повлиять на свойства поверхности Si(111). И что могут дать такие изменения в перспективе практического использования Si, пока остается лишь гадать.

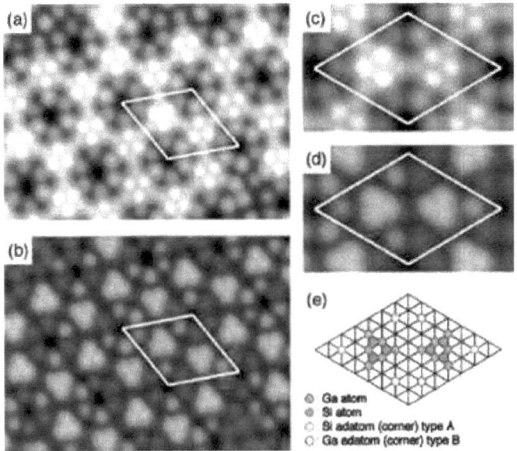

Фиг. 13. Пример замещения адатомов Si атомами Ga [62].

Еще одна возможность варьировать структуру кластеров установлена в работе [59]. Используя СТМ и фотоэлектронный спектроскоп высокого разрешения, авторы работы показали, что можно получить различную конфигурацию связей кластеров, производя напыление при различных температурах. Им удалось получить разные типы кластеров при той же их форме и размерах.

Проведенные в работе [63] исследования показали, что наличие ступенек на поверхностях Si(111) и Si(557) может существенно влиять на строение образующихся кластеров. На фиг. 14 и 15 показано, что в области AD, примыкающей к ступеньке, возникает заметное сжатие поверхностного слоя Si. Такой результат может оказаться весьма интересным при попытке объяснить, например, причину образования на поверхности Si так называемых «магических кластеров», отличающихся удивительной устойчивостью структур. Ниже попробуем представить возможную версию, позволяющую объяснить причину их возникновения.

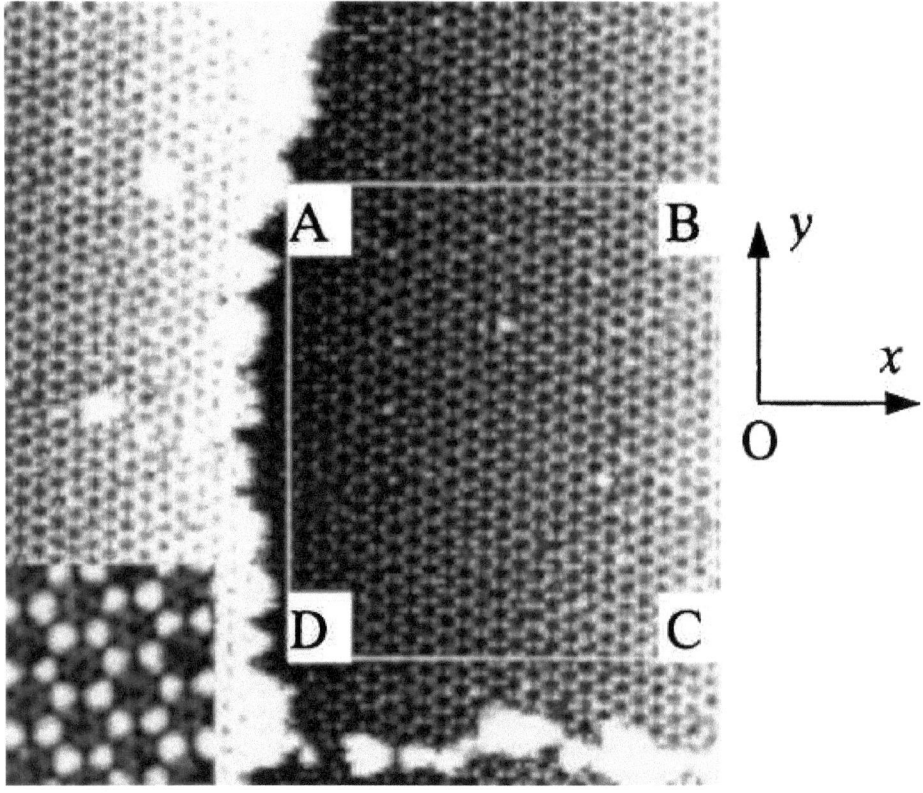

Фиг. 14. Изменение плотности атомного слоя по мере приближения к ступеньке на вицинальной поверхности Si(557) [63].

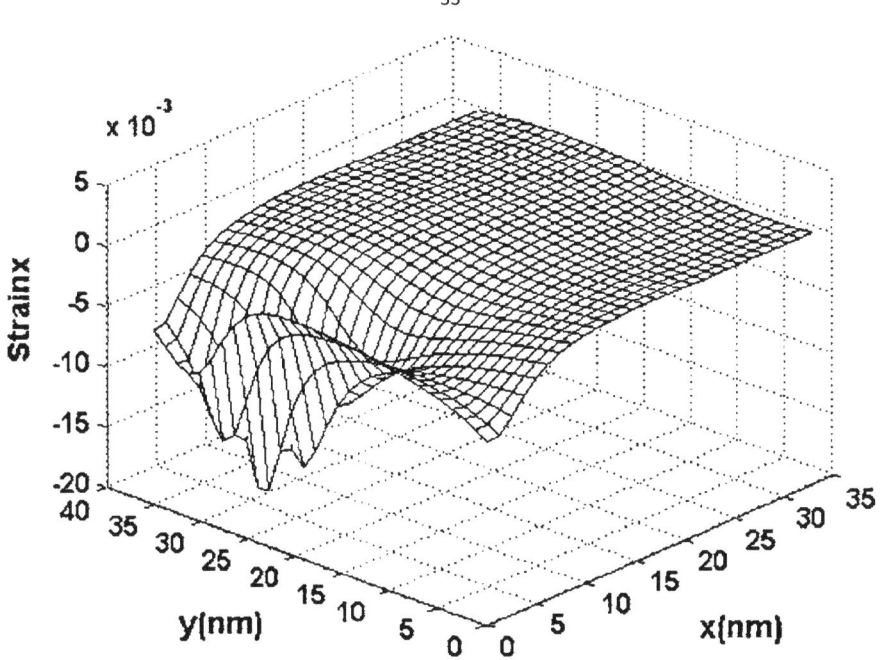

Фиг. 15. Уплотнение поверхностного слоя Si вблизи ступеньки [63].

Часть 2. Исследование и анализ.

Глава 2.1. Методика эксперимента и технологии.

Целью данной работы является исследование структурных образований на поверхностях чистого кремния и поверхностях с напыленным индием. Эксперимент должен дать ответ на ряд поставленных вопросов. К ним, в частности, относится анализ кинетики образования кластеров индия в ходе напыления на поверхность Si(111) и вицинальную поверхность Si(557), исследование структуры и свойств реконструированной поверхности кремния и поверхности с образовавшимися кластерами индия, анализ вероятности образования реконструкции 7x7 и кластеров на террасах различного размера.

Исследования проводились на сканирующем туннельном микроскопе (СТМ).

2.1.1. Сканирующий туннельный микроскоп.

Общий вид установки СТМ представлен на фиг. 16.

Фиг. 16. Общий вид сканирующего туннельного микроскопа. Здесь:

1. Переходная камера (Fast-Entry)

2. Система переноса пробы и иголок (Transfer zum Fast-Entry)
3. Система переноса иголок и проб в препарационной камере (Langer Transfer)
4. Система переноса иголок и проб в камеру СТМ
5. Место хранения проб (Probengarage)
6. Система испарения напыляющего элемента (Verdampfer)
7. Система контроля напыляемого слоя (Schichtdickenmesser)
8. Электроника для препарационной камеры (Elektronik für Präparationsgeräte)
9. Рабочая камера (STM – Kammer)
10. Транспортируемый контейнер (Abnehmbare Transportabelkammer-Container)
11. Управляющая электроника СТМ (STM – Steuerung Elektronik)
a. высоковольтная система питания. (Hochspannungsversorgung für Walker und Scanner)
b. Усилитель для координатной системы (Verstärker für Walker)
c. Система обработки сигнала (Rack für Signalverarbeitung von Probenspannung, Tunnelstrom und s.w.)
d. Усилитель для сканера (Verstärker für Scanner)
e. Система контроля времени (Real-time Controller)
12. Другие системы управления и контроля. (weitere STM- und UHV- Elektronik)

СТМ включает в себя две камеры: препарационную камеру и STM-камеру. Первая из них предназначена для выполнения комплекса операций по подготовке образца к исследованию: она имеет систему нагрева образца, устройство для напыления, устройство для хранения образцов и для перемещения образцов, манометр для измерения давления в камере.

Вторая камера предназначена для проведения экспериментальных исследований. Она включает в себя следующие конструктивные элементы: измерительный блок, которая в свою очередь состоит из так называемого иглодержателя, на котором закрепляется с помощью магнита игла и перемещается с помощью системы пьезоустройств, держатель образца, система гашения внешних воздействий, система нагревания зондов, устройство для транспортировки и замены зондов, зондовый гараж, манометр для измерения давления.

В СТМ предусмотрена также специальная переходная камера (Fast-Entry) для введения извне в вакуумную часть образцов и зондов. Из этой камеры предварительно откачивается воздух, и затем она открывается для входа в препарационную камеру.

При проведении исследований часто возникает необходимость выполнения каких-то дополнительных операций с образцом вне СТМ, но в условиях вакуума. Для этой цели разработан специальный вакуумный блок, соединяющийся с препарационной камерой микроскопа и позволяющий переносить в него образец. Камера отсоединяется и служит контейнером для транспортировки образца (Abnehmbare Transportabelkammer- Container).

В связи с тем, что исследования проводятся на атомарно-молекулярном уровне, необходимая точность измерения определяется наноразмерами объекта. При этом любые внешние воздействия (вибрации, звуковые колебания) могут полностью исказить картину. Чтобы избежать этих воздействий, сканирующая часть закреплена на специальном демпфирующем устройстве. Само устройство подвешено на упругих элементах, что позволяет избавиться от грубых колебаний. Гашение же колебаний с малыми амплитудами основано на рассеянии энергии колебаний системы с помощью токов Фуко.

2.1.2. Система обеспечения сверхвысокого вакуума.

Выше уже было рассмотрено влияние уровня вакуума на результаты экспериментальных исследований поверхности кристаллических тел. Рассмотрим эти вопросы применительно к нашим условиям. Известно, что даже при вакууме с давлением 10^{-6} mbar ($7,6 \cdot 10^{-6}$ торр) достаточно одной секунды, чтобы поверхность образца загрязнилась веществами, содержащимися в газовой среде. При давлении же 10^{-10} mbar ($7,6 \cdot 10^{-10}$ торр), то есть в условиях сверхвысокого вакуума, загрязнение пробы не достигает уровней, препятствующих проведению эксперимента.

Переход от атмосферного давления до сверхвысокого вакуума означает изменение давления на 13-14 порядков величины. Ни один насос осуществить это не может, поэтому, чтобы обеспечить необходимый вакуум, требуется использовать последовательную систему насосов.

Для создания первичного вакуума могут использоваться различные варианты мембранных насосов [40]. Более глубокий вакуум могут обеспечить

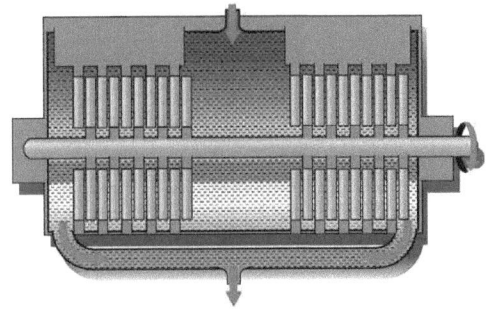

Фиг. 17. Схема турбомолекулярного насоса [40].

насосы турбомолекулярного типа (фиг. 17). Линейная скорость лопастей такого насоса при угловой скорости до 90 000 об./мин сопоставима с тепловой скоростью движения молекул газа, что позволяет как бы «выметать» молекулы газа из вакуумируемого объема. Специальная конфигурация прорезей цилиндра и лопастей турбины позволяет «выталкивать» молекулы в заданном направлении. Турбомолекулярные насосы способны работать в широком диапазоне давлений от 10^{-4} до 10^{-10} торр. Эти насосы отличаются чистотой и надежностью, однако их использование из-за возникающих вибраций затруднительно при работе с точным позиционированием.

Для достижения сверхглубокого вакуума используются сублимационные насосы. В них молекулы газа захватываются активной поверхностью (например, титаном) в результате химической или псевдохимической реакции. При этом величина энергии связи Е существенно больше, чем в случае физической адсорбции. Так, например, значение Е для кислорода, хемосорбированного на поверхности титана, составляет 103 кДж/моль, тогда как при физической адсорбции кислорода на металлических поверхностях эта величина составляет лишь 12—17 кДж/моль. Поэтому титановые сублимационные насосы активно сублимируют молекулы газовой среды. Охлаждение титановых поверхностей увеличивает эффективность откачки.

Криогенные циалитовые насосы относятся к той же группе сублимационных насосов. Они содержат гранулы циалита, охлаждаемые жидким азотом, что значительно увеличивает их сорбционную способность. После завершения цикла откачки циалит восстанавливают простым прогревом.

Широко используются также насосы следующих типов:

- ионные вакуумные насосы, в которых молекулы газа ионизируются, а затем перемещаются к выходу насоса с помощью электрического и магнитного полей;

- геттерные вакуумные насосы, в которых откачка происходит преимущественно вследствие хемосорбции газа геттером;

- геттерно-ионные вакуумные насосы, которые объединяют в себе функции первых двух типов насосов, в них наряду с хемосорбцией происходит ионизация газа с последующим внедрением ускоренных ионов в поверхность распыленного геттера.

Геттер, обычно титан, представляет собой нейтральную пластину или электрод. Данный материал вступает в химическую реакцию с активными газами, образуя устойчивые соединения, которые оседают на внутренних стенках насоса. Ионизация газа происходит под воздействием высокого напряжения, обычно в диапазоне от 3 кВ до 7 кВ. Под действием электрического поля положительные ионы ускоряются, и бомбардируют титановый катод. В результате соударений титановое покрытие катода распыляется и оседает на стенки насоса, увеличивая тем самым площадь активной поверхности. Свеженапыленный слой титана является сильным химическим реагентом, который вступает в реакцию с химически активными газами. Таким образом, ионно-геттерный насос является саморегулирующимся – он распыляет столько геттерного материала, сколько необходимо при данном давлении. Соединения, образующиеся в результате химической реакции, оседают на элементах и стенках насоса. Химически активными являются газы: кислород, азот, оксид и диоксид углерода, вода.

В ионно-геттерном насосе анод может представлять собой короткую металлическую трубку с круглым или квадратным сечением. Напротив каждого открытого торца расположена подсоединенная к «земле» титановая пластина, которая является катодом. Внешние магниты создают постоянное магнитное поле, параллельное оси анода. Для увеличения скорости откачки корпус насоса заполняется большим количеством ячеек, соответственно увеличивается площадь катода (фиг. 18).

 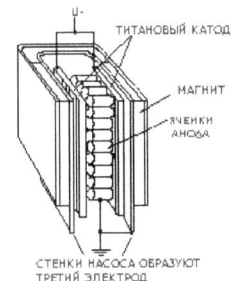

Фиг. 18. Внешний вид и схема ионно-геттерного насоса [64].

Ионно-геттерные насосы отличаются высокой надежностью, способностью длительно работать в непрерывном режиме, саморегулируемостью, полным отсутствием вибраций.

В практике измерения давления разрежённых газов применяются различные типы преобразователей, отличающиеся по принципу действия и классу точности. Практически все варианты таких манометров основаны не на прямых измерениях давления, а на косвенной оценке давления по измерению тех или иных параметров.

Широко используются ионизационные манометры различных типов. Все они основаны на ионизации молекул разряженного газа. Давление таким манометром определяется по величине ионного тока. Один из таких приборов известен, как манометр Баярда-Альперта (фиг. 19) [65, 66]. Коллектор ионов в нём представляет собой тонкий осевой стержень. Нижний предел измерений давления этим манометром 10^{-11} мм рт. ст..

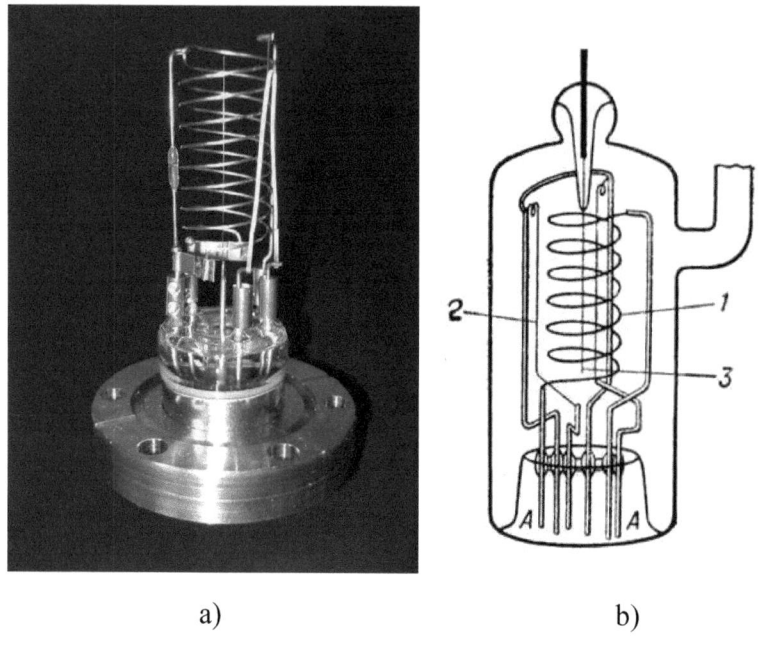

a)   b)

Фиг. 19. Ионизационный вакуумметр Байярда-Альперта [65, 66]: a - устройство, b – схема (1-катод; 2-анод; 3-коллектор).

Для обеспечения сверхвысокого вакуума необходимо, чтобы все внутренние элементы камеры и приборы в камерах были изготовлены из специальных материалов, таких как стали, не содержащие никеля, специальные виды керамики, вольфрам, тантал или молибден. Из таких же материалов изготавливаются детали прободержателя и испарителя.

После контакта хотя бы одной из камер микроскопа с воздухом весь объем камер подвергается полному циклу откачки воздуха и дегазации.

В качестве форвакуумного насоса в нашей установке используется насос мембранного типа. Дальнейшая откачка производится турбомолекулярным насосом. При этом камера нагревается до 120° С и выдерживается при этой температуре несколько дней. Благодаря этому испаряются конденсированные пары воды со стенок камеры и удаляются насосом. На заключительной стадии при создании сверхглубокого вакуума в нашей установке используются турбомолекулярный, ионный и титансублимационный насосы. После достижения вакуума для поддержания его продолжает работать ионный насос. Турбомлекулярный же насос отключается, так как создаваемые им вибрации не позволяют выполнять точные измерения. В таком режиме удается поддерживать в камере СТМ разряжение на уровне 10^{-11} mbar, а в препарационной камере - 10^{-10} mbar.

В описываемой установке используются ионизационные манометры Баярда-Альперта.

2.1.3. Подготовка образца.

Для того, чтобы обработать или изготовить образец для испытаний, его прежде всего необходимо очистить. Обычно пробы используются по несколько раз, и каждый раз их предварительно очищают.

Из коммерческой кремниевой пластины с помощью алмазного инструмента выделяется образец нужной формы и размера. Он очищается этанолом и дистиллированной водой и закрепляется на прободержателе. Поверхность кремния очень чувствительна к таким материалам, как, например, никелевая сталь, так как это может привести к необратимому осаждению никеля на эту поверхность. Поэтому вблизи поверхности кремния нужно очень осторожно пользоваться даже отверткой для закрепления пробы.

Новые пробы вводятся в препарационную камеру через переходную камеру (Fast-Entry), при этом одновременно старые пробы выводятся из камеры. Внутри препарационной камеры существует так называемый гараж для хранения образцов. В гараже проб имеется 5 мест. Перемещение образцов внутри камер осуществляется с помощью магнитных трансферов и манипулятора. Для того, чтобы ввести новые образцы или зонды в переходную камеру Fast-Entry или удалить старые включается турбомолекулярный насос, и после достижения необходимого вакуума (порядка $10^{-6} - 10^{-7}$) образцы из переходной камеры или в эту камеру можно было бы трансферировать.

Для очистки новые образцы обычно нагреваются до 800 ℃ и остаются при этой температуре примерно на 12 часов. Температура измеряется пирометром через окошко препарационной камеры. Точность пирометра лежит в интервале $\Delta T=\pm20$ K. Прямой нагрев образца производится постоянным током. При этом напряжение к образцу подается через держатель образца.

Однако есть такие пробы, например, p-дотированный Si(557), которые почти не пропускают электрический ток, а значит, не могут нагреваться непосредственно электрическим током. Чтобы их нагреть, на прободержателе закрепляются 2 образца, вначале закрепляется проба, которая хорошо проводит ток, а на нее крепится проба, которая будет нагреваться от этой токопроводящей пробы посредством теплопередачи.

После нескольких часов выдержки при температуре 800°C , когда проба оказывается очищенной от оксидной пленки, проводится пошаговое нагревание образца до 1200°C. После чего образец быстро охлаждается до 800°C и затем температура медленно снижается до комнатной температуры. За это время на поверхности Si(111) образуется реконструкция 7x7.

2.1.4. Напыление индия на поверхности Si(111) и Si(557).

При медленном снижении температуры поверхности образца Si(111) с 800° C до комнатной температуры на поверхности образуется реконструкция Si(111)7x7. Охлаждение пробы производится до определенной для каждого напыляемого элемента температуры.

Для напыления на образец индия (In) нами использовался испаритель,

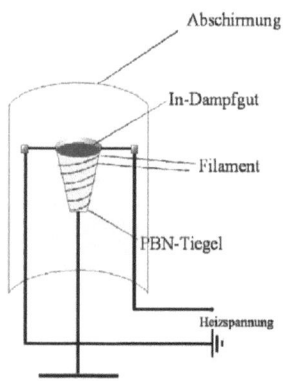

Фиг. 20. Схема испарителя индия.

схематически представленный на фиг. 20. Он состоит из тигеля, обмотанного вольфрамовым филаментом. К филаменту приложено напряжение для нагрева тигеля, в котором находится индий. При нагреве атомы индия испаряются и осаждаются на образец. Экранирование тигеля используется для направления потока атомов к образцу. Для ограничения количества напыляемого элемента использовалась отсекающая заслонка, расположенная между испарителем и пробой, которая в нужный момент закрывалась.

Обычно, для определения количества нанесенного вещества используется счетчик атомных слоев, в нашем же случае количество нанесенного вещества вычислялось по полученным в растровом микроскопе изображениям.

После напыления индия на пробу, она оставляется на полчаса остывать, чтобы исключить искажения СТМ - изображений при сканировании пробы из-за температурного дрейфа.

2.1.5. Изготовление зонда системы СТМ.

Разработчиками СТМ были предложены два варианта иголок (зондов): из тонкой платино-иридиевой проволоки и из вольфрамовой проволоки. Вольфрамовые иглы имеют ряд преимуществ по сравнению с платино-иридиевыми. Они более прочные, допускают случайные соприкосновения с поверхностью образца без повреждения острия, проявляют высокую стабильность при работе, имеют больший срок службы. А также имеют больший выход при изготовлении по количеству годных для работы игл. Однако, в отличие от платино-иридиевых зондов, вольфрамовые зонды не могут работать на воздухе, так как вольфрам при комнатной температуре быстро окисляется. В высоковакуумных же СТМ они широко используются.

Несмотря на то, что методика приготовления вольфрамовых игл разработана достаточно давно, каждая лаборатория вынуждена дорабатывать ее применительно к своим условиям. Это связано с жесткими требованиями, предъявляемыми к характеристикам иглы, и с множеством неконтролируемых параметров их изготовления.

В данной работе использовались вольфрамовые иглы. Для изготовления иглы первоначально берется небольшой длины вольфрамовая проволока диаметром 0,25 мм. Проволока предварительно отжигается в атмосфере азота. Затем производится операция перетравливания заготовки за счет реакции окислительного растворения [67, 68]. Для этого в стакан с водным раствором гидроксида натрия $NaOH$ опускают катод в виде стального кольца, в центр которого вертикально помещается предварительно очищенная вольфрамовая проволока (анод). На катод и анод подается напряжение. На уровне кольца-катода происходит перетравливание заготовки за счет реакции окислительного растворения. Этот процесс описывается уравнением:

$$W + 2NaOH + 2H_2O \rightarrow Na_2WO_4 + 3H_2 \ .$$

В течение некоторого времени с начала травления утончение проволоки приводит к тому, что нижняя часть ее под действием собственного веса отрывается, образуя в месте отрыва тонкое острие. Приложенное напряжение в момент отрыва отключается.

Получившаяся после протравливания игла промывается этанолом и деионизированной водой и контролируется с помощью оптического микроскопа. Если она оказывается пригодной для работы, то ее закрепляют на иглодержателе.

Игла перед установкой в рабочее положение, уже находясь в камере, подвергается прогреву, чтобы избавиться от поверхностной оксидной пленки и остатка электролита. Нагрев иглы в нашей установке производился за счет воздействия на нее электронного потока.

В СТМ - камере находится гараж для 12 иголок с местом их нагрева. Перемещение игл внутри СТМ - камеры между гаражом, местом нагрева и рабочим положением осуществляется с помощью специального устройства (Wobble-Stick). Иглы могут повторно использоваться, пока позволяет их разрешение.

Глава 2.2. Экспериментальное исследование.

При проведении экспериментальных исследований ставились и решались ряд различных задач. Они сводились в основном к следующему: 1. Освоение и совершенствование методики проведения работ на сканирующем туннельном микроскопе.

2. Тестирование используемой методики по данным, полученным в других лабораториях. С этой целью проводился широкий круг экспериментов: сканирование рельефа различных поверхностей кремния с сечениями (111) и (557), спектроскопические исследования чистых и вицинальных поверхностей, их реконструкции и кластерных структур, исследование кинетики образования кластеров при напылении индия. Соответствие полученных результатов известным из литературы данным может служить подтверждением надежности используемых методик и объективности получаемых экспериментальных данных.

3. Проведение исследований поверхностей Si(111) и Si(557). Относительно структуры и свойств указанных поверхностей, несмотря на обширный накопленный материал, остается множество вопросов, ответ на которые еще не получен. Так, например, требуются дополнительные исследования в вопросах образования структур реконструкции на вицинальной поверхности кремния. В работе проводились исследования и в этом направлении.

4. Исследование кинетики нанесения индия на поверхность кремния и образования на ней кластерных структур. Вызывает, в частности, серьезный интерес исследование кинетики осаждения индия при его напылении на поверхности разной структуры, в том числе и на поверхности со ступеньками. Не достаточно представлены в литературе данные, позволяющие установить критерии образования на ступеньках различной ширины структур реконструкции и кластеров.

В процессе освоения оборудования потребовалось внесение в него ряда дополнений. Так, был заменен усилитель сигнала и согласован с системой компьютерной обработки информации. На выходной сигнал при сканировании и спектроскопических измерениях могут накладываться различные шумы (помехи). Зачастую они оказываются соизмеримыми с полезным сигналом. Обычные усилители не в состоянии выделить такой сигнал. В связи с этим имевшийся на установке усилитель был заменен на синхронный усилитель (lock-in amplifier) [69]. В этом случае на иглу подается сигнал, включающий в себя постоянную составляющую (напряжение порядка вольт) и переменный сигнал частотой 1 кГц напряжением 0,05V. Переменная составляющая используется для выделения и детектирования основного сигнала. Синхронный усилитель использует метод фазо-чувствительного синхронного детектирования на частоте опорного сигнала. Шумовые компоненты сигнала на других частотах отфильтровываются выходным фильтром низких частот. Именно для этого и требуется опорный сигнал на фиксированной частоте. В результате удается выделить даже очень слабый сигнал.

Кроме того были разработаны и изготовлены системы испарения и дозирования индия. Температура задавалась величиной тока в обмотке тигеля.

В связи с тем, что при исследовании вицинальных поверхностей Si(557) использовался p-дотированный кремний, пришлось производить нагрев образца за счет теплопередачи от дополнительного элемента-подложки к образцу из n-дотированного кремния.

2.2.1. Контрольное тестирование используемой методики.

Сканирующий туннельный микроскоп представляет собой сложную систему взаимосвязанных узлов и конструкций. В большинстве исследовательских институтов и лабораторий эти узлы и элементы устройств модернизируются или разрабатываются заново применительно к решению своего круга задач. Поэтому в каждом из таких микроскопов используемые методики имеют те или иные особенности. Для подтверждения достоверности и объективности получаемой нами информации было необходимо тестировать ее путем сравнения результатов экспериментальных исследований с аналогичными данными, полученными в других лабораториях. Такое тестирование было проведено. Оно подтвердило полное соответствие используемых оборудования и технологий мировому уровню.

2.2.2. Поверхность Si(111). Реконструкция поверхности.

В работе [52] представлена развернутая модель реконструкции 7x7 чистой поверхности Si(111). Кажущаяся симметрия двух половинок ромбообразного элемента нарушается некоторым различием их свойств. Так, на фиг. 21 этим половинкам даже присвоены различные наименования. Структура построена авторами работы [52] в соответствии с DAS-моделью (dimer-adatom-stacking fault) Такаянаги. Желтыми кружками показаны адатомы Si, красными – димеризованные атомы Si, голубыми – рест-атомы Si второго слоя. Ромбом

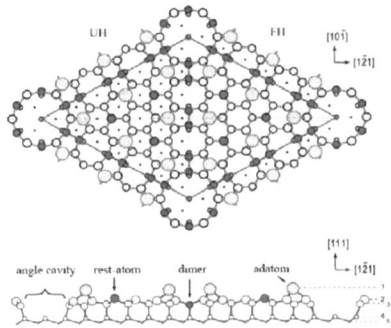

Фиг. 21. Модель реконструкции структуры Si(111) 7x7 [52].

обведена элементарная ячейка 7x7. Половина элементарной ячейки, содержащая дефект упаковки, помечена как FH (faulted half); половина без дефекта упаковки помечена как UH (unfaulted half). На СТМ-изображении заполненных состояний половина ячейки с дефектом упаковки выглядит несколько более яркой.

При напылении индия на поверхность кремния первоначально кластеры образуются только на половинках FH реконструкции и лишь после их заполнения появляются кластеры на половинках UH. Это следует, например, из фиг. 22.

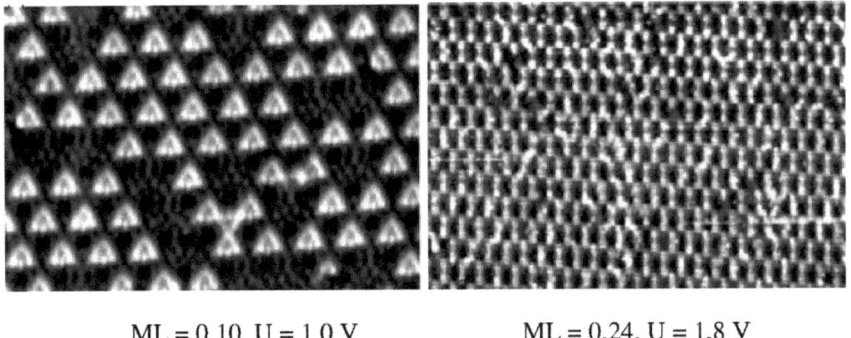

ML = 0,10, U = 1,0 V   ML = 0,24, U = 1,8 V

Фиг. 22. Покрытие поверхности кремния кластерами индия при менее половины заполнения и при завершении заполнения слоя [61, 70].

Этот факт свидетельствует о том, что свойства двух частей реконструкции различны. Однако, серьезных различий в электронных состояниях этих половинок ячеек нам обнаружить не удалось. Так, спектроскопические зависимости для этих половинок (см. фиг. 23) отличаются

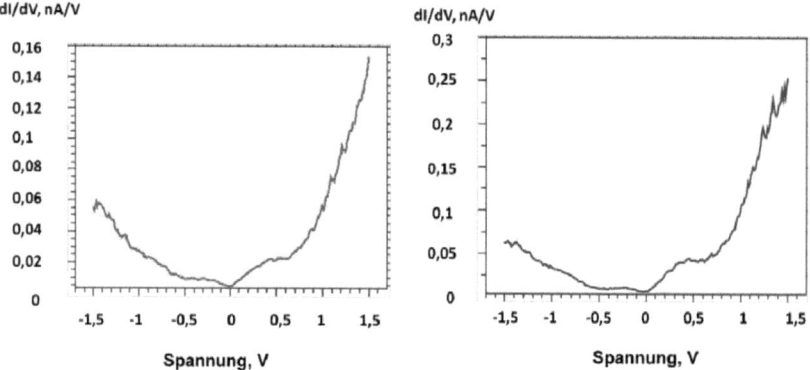

Фиг. 23. Спектральные зависимости для двух половинок (FH и UH) структурной ячейки реконструкции Si(111) 7x7.

не существенно. По крайней мере, обе половинки ячейки реконструкции проявляют металлические свойства.

По-видимому, причину этих различий следует искать иными методами. Не исключено, что эта причина заключена не в структуре самого поверхностного слоя, а в некотором различии структуры подложки.

Исследования структур при различном знаке напряжения на образце, подтвердило наличие существенных различий в получаемой картине (фиг. 24). И это имеет свое объяснение. При положительном и отрицательном потенциалах туннельный поток электронов протекает в противоположных направлениях.

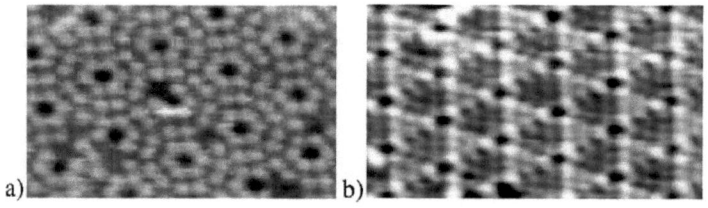

a)   b)

Фиг. 24. СТМ-изображения поверхности Si(111)-7x7 при разных напряжениях на образце: a) - $V_s = +2,0$ В; b) - $V_s = -2,0$ В.

Отсюда, и СТМ-изображения должны соответствовать разным энергетическим состояниям. Так, наблюдаемые изображения при положительном потенциале на образце обусловлены туннелированием электронов в зону проводимости кремния через оборванные связи адатомов, то есть атомов с незаполненными состояниями. При отрицательном же потенциале видны атомы с заполненными состояниями, что определяется туннелированием электронов из валентной зоны или локализованных состояний кремния в острие иглы через оборванные связи rest-атомов и атомов, расположенных в угловых ямках.

Таким образом, СТМ позволяет наблюдать не столько сами атомы, сколько распределение в пространстве вокруг атомов плотности электронов различной энергии, и дает не просто топографию, а, скорее, изображение электронной структуры поверхности.

2.2.3. Кластеры на поверхности Si(111) 7x7.

Как уже отмечалось, первоначально при напылении Галлия (Ga), Индия (In) и Al на поверхность Si(111) 7x7 кластеры образуются на половине FH релаксации 7x7 и имеют треугольную форму (см. фиг. 11). В этом случае 6 атомов напыляемого элемента оказываются связанными с тремя атомами

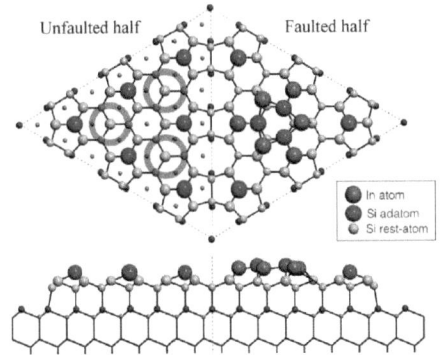

Фиг. 11. Перестройка структуры ячейки 7x7 при образовании кластера In [52, 59].

кремния (адатомами). При этом замыкаются оборванные связи, что обеспечивает стабильность кластеров типа M_6Si_3. И лишь после заполнения элементов FH начинается заполнение элементов UH.

При заполнении первого слоя напыляемым элементом на каждую ячейку реконструкции Si(111) 7х7, содержащую 49 атомов Si, приходится 12 атомов напыляемого элемента. Отсюда, был получен коэффициент заполнения первого слоя для поверхности Si(111) $ML_1 = 0,24$.

Наблюдение за процессом образования кластеров на чистой поверхности Si(111)   подтверждает, что они замечаются уже в самом начале процесса напыления (фиг. 25). Уже через 2 минуты после начала напыления индия четко просматриваются первые кластеры. За 6 минут покрытие достигло $ML = 0,07$, к 8 минутам - 0,10, к 15 минутам – 0,18, что уже близко к полному покрытию 0,24. За 20 минут не только завершилось формирование первого слоя, но и началось напыление второго слоя индия. Отдельные атомы индия, осажденные во втором слое, хорошо видны на фигуре.

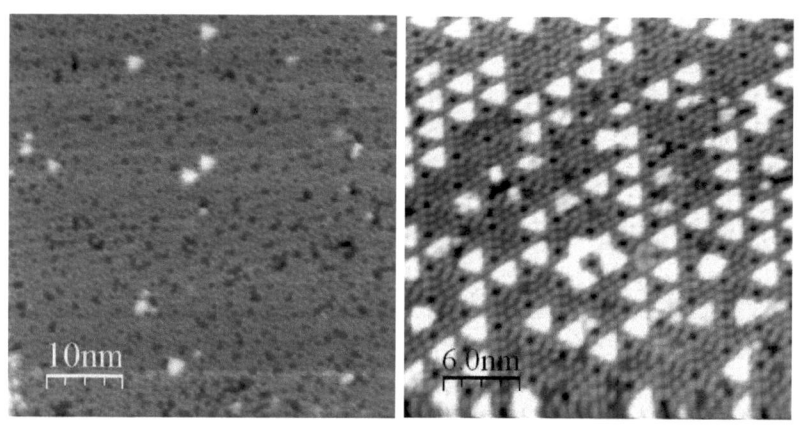

2 мин 1,5 В, ML = 0,02   6 мин 1,5 В, ML = 0,07

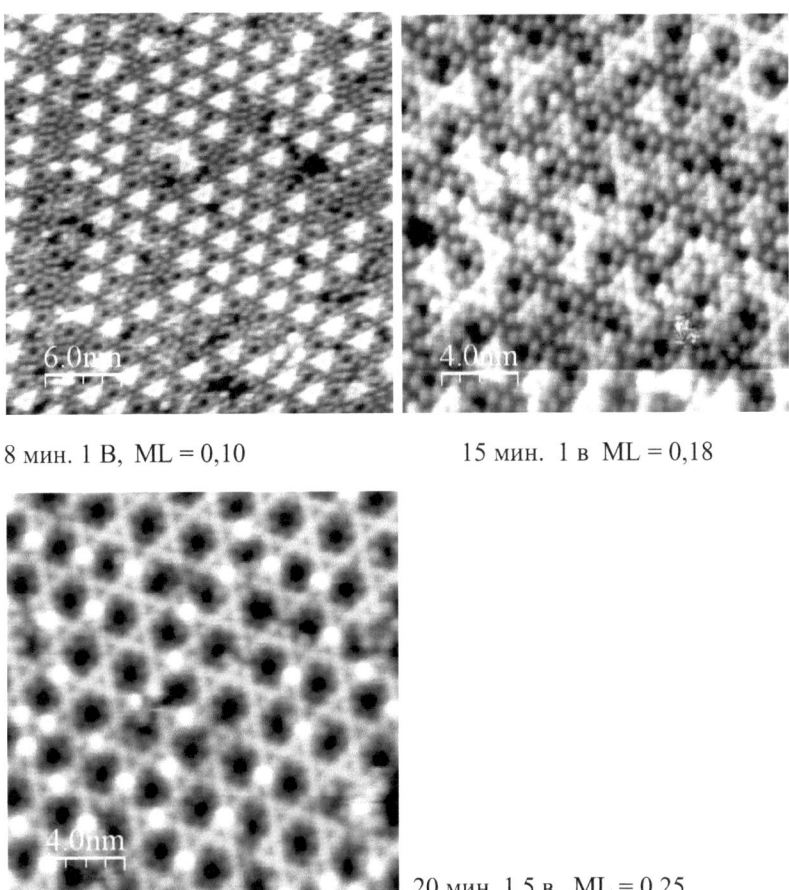

8 мин. 1 В, ML = 0,10   15 мин. 1 в ML = 0,18

20 мин. 1,5 в   ML = 0,25

Фиг. 25. Образование кластеров индия на поверхности Si(111)   в процессе напыления.

2.2.4. Вицинальная (vizinal) поверхность Si(557).

Какую структуру представляет собой поверхность скола кристалла Si(557)? Параллельную ей поверхность можно было бы условно обозначить, как Si(1; 1; 1,4). Эта поверхность отсекает на кристаллографических осях отрезки:

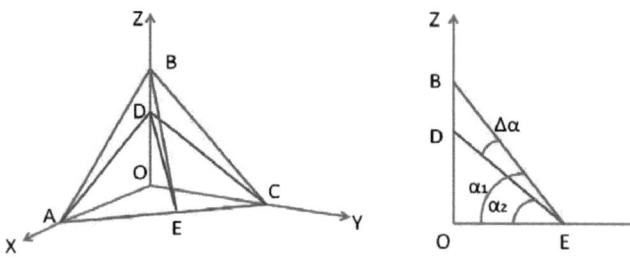

Фиг. 26. Схема ориентации поверхностей (111) и (557).

1; 1 и (1/1,4) = 0,71. На фиг. 26 представлена схема сечений (111) – ABC и (557) – ADC. В кристаллографических единицах имеем:

ОВ = 1; ОД = 0,71; ОЕ = $Cos45^0$ = 0,707.

Отсюда: $tg\ \alpha_1$= 1,41;   и $tg\ \alpha_2$ = 1,00.

Углы наклона плоскостей оказываются равными: $\alpha_1 = 54,7^0$; $\alpha_2 = 45,0^0$.

Угол между плоскостями составит: $\Delta\alpha = 9,7^0$.

Поверхность Si(557) может быть представлена, как поверхность Si(111) со ступеньками

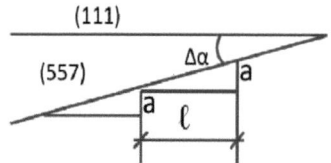

Фиг. 27. Соотношение чистой поверхности Si(111) и вицинальной поверхности Si(557).

Схематически соотношение указанных сечений представлено на фиг. 27. Здесь $a = 0,87в$ - расстояние между поверхностными слоями Si(111), то есть высота ступеньки, $в$ - параметр кристаллической решетки кремния. Средняя ширина ступеньки определяется соотношением

$$l = a/tg\Delta a = 5,09\ в.$$

При плотной упаковке атомов на поверхности Si(111) это соответствует среднему числу атомных рядов по ширине ступеньки, равному 5,09/0,87 = 5,85, то есть около шести рядов.

В работе [71] представлены результаты микросканирования поверхности Si(557). Средняя ширина ступенек на этой поверхности (фиг. 28) оказалась равной:

$$l = 5,67 \text{ a},$$

что всего на 3% отличается от расчетной величины.

При такой средней ширине ступеньки реконструкция Si(111) 7x7 не на каждой ступеньке окажется возможной. Более узкие ступеньки вероятно приобретут реконструкция Si(111) 2x1. И лишь на более широких ступеньках может оказаться возможной реконструкция Si(111) 7x7. При этом, следует иметь в виду, что вблизи от ступеньки (возможно в пределах двух параметров решетки) структура поверхности из-за отличия условий от условий чистой поверхности может сохраняться реконструкция 1x1 с переходом к реконструкции 2x1. Следовательно, реконструкция 7x7 на недостаточно широких ступеньках может оказаться невозможной.

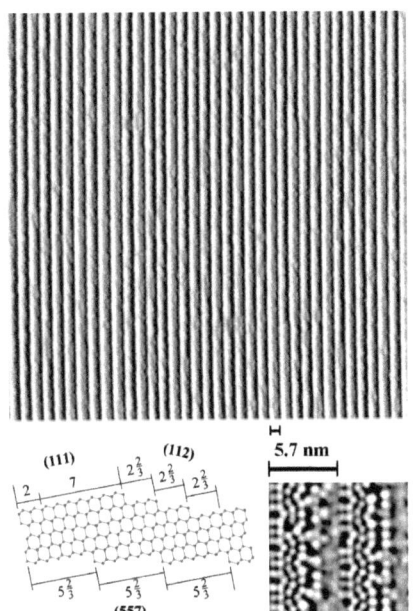

Фиг. 28. Ступеньки на поверхностях Si(557) и поверхность Si(112) [71].

В работе [71] проводится анализ возможностей образования реконструкции 7x7 на вицинальной поверхности Si(557). Авторами рассмотрен участок размером в 17 межатомных расстояний в цепочке атомов по ширине террасы. На таком участке могут разместиться три террасы средней ширины. Или, например, как предполагают авторы, одна из террас могла бы состоять из девяти рядов атомов и три остальных террасы - из менее трех рядов каждая. Средний угол наклона такой площадки относительно плоскости (111) остается соответствующим углу для поверхности (557). В указанных работах для этого угла приводится $\cos\vartheta=0{,}986$, что дает $\vartheta = 9{,}6^0$. Рассчитанный в нашей работе указанный угол составил $\Delta\alpha=9{,}7^0$, что можно считать хорошим совпадением.

На предполагаемой террасе шириной в 9 межатомных расстояний может образоваться только часть реконструкции 7x7, то есть половина ромба. И на этой половинке при напылении может возникнуть кластер. Именно это и подтверждается в наших экспериментах (фиг. 29).

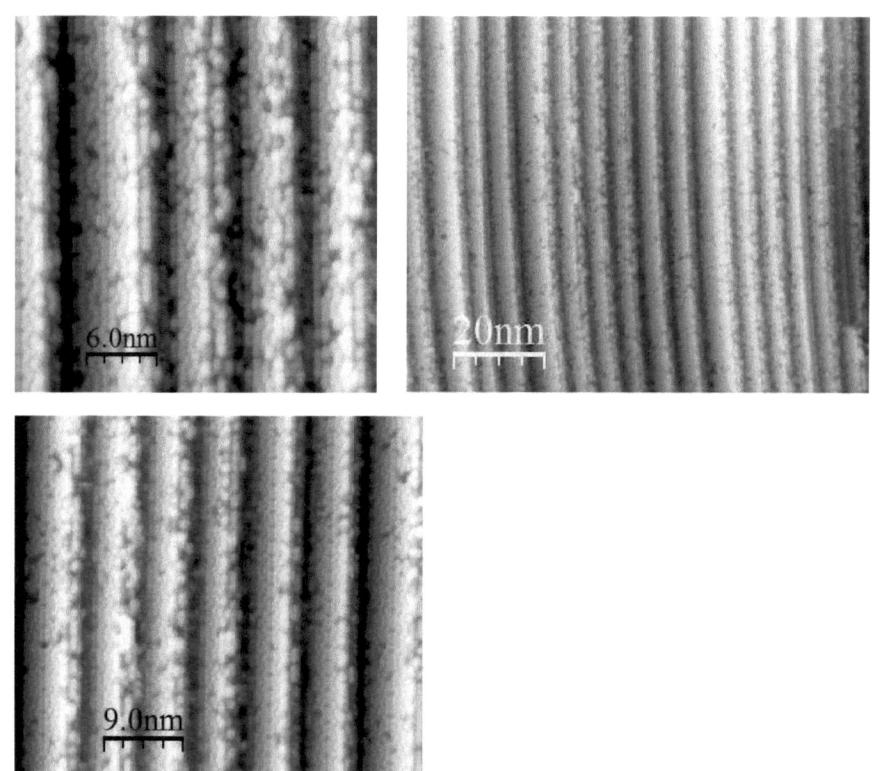

Фиг. 29. Примеры STM-Bild поверхностей Si(557).

Реконструкция 7x7 на таких ступеньках значительно менее вероятна, чем на сколе (111). Соответственно, и образование кластеров на столь узких террасах при напылении индия оказывается затруднительным.

Однако, и на этих террасах нам удалось наблюдать кластеры (фиг. 30). По-видимому, здесь сыграло свою роль вероятностное распределение размеров этих

Фиг. 30. Кластеры индия на вицинальной поверхности Si(557).

террас. Хотя плотность размещения кластеров на таких террасах остается значительно ниже, чем на поверхности (111).

2.2.5. Особенности осаждения индия на вицинальную поверхность Si(557).

При напылении индия из расплава на поверхность Si(557) было замечено, что при общем времени напыления порядка 20 минут за первые 5 – 7 минут кластеры на поверхности не образуются. И лишь при большем времени они начинают проявляться. В случае же напыления индия на поверхность Si(111) подобная «задержка» не наблюдается. Куда деваются атомы индия в первые минуты напыления на поверхность Si(557)?

Принципиальное различие поверхностей Si(111) и Si(557) заключается в том, что на первой из них практически отсутствуют ступеньки (за редким исключением), а на второй образуется система ступенек со сравнительно узкими площадками (111). Вероятность образования кластеров Индия на

56

поверхности Si(557) фактически определяется вероятностью W появления на ней площадок шириной не менее девяти рядов атомов кремния.

Отсюда, коэффициент заполнения первого слоя для поверхности Si(557) составит:

$$ML_2 = 0{,}24 \cdot W.$$

Кинетику образования кластеров на поверхности Si(557) в процесс напыления индия можно проследить на фиг. 31. В течении промежутка времени, составляющего ориентировочно 20 -30 процентов от общего времени напыления, кластеры на поверхности не наблюдаются. И только потом они появляются.

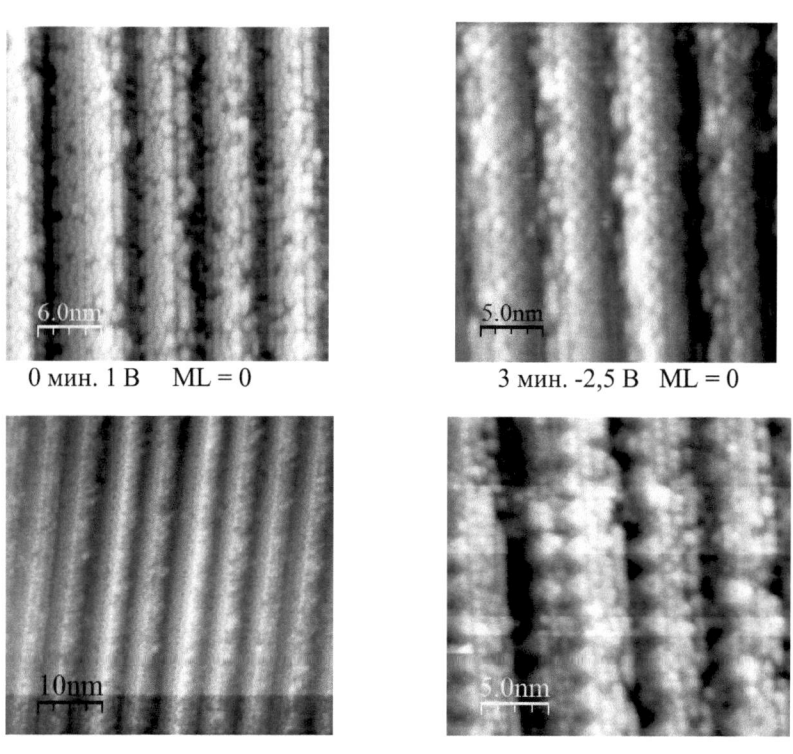

0 мин. 1 В   ML = 0

3 мин. -2,5 В   ML = 0

5 мин, 2 В ML = 0

17 мин 1,9 В, ML = 0,06

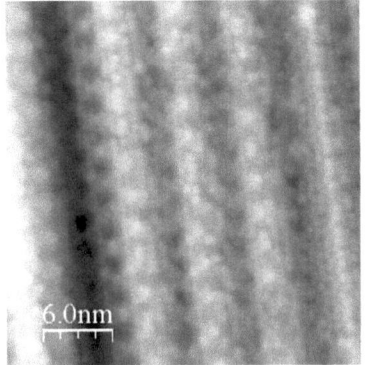

20 мин 1,3 В   ML = 0,07

Фиг. 31. Образование кластеров индия на поверхности Si(557)   в процессе напыления.

Зависимости уровней покрытия индием от времени   напыления для поверхностей Si(111) и   Si(557)   представлены на фиг. 32. Следовательно, в первые минуты напыления   20 -30 процентов атомов индия оседают в иных местах, не образуя кластеров.

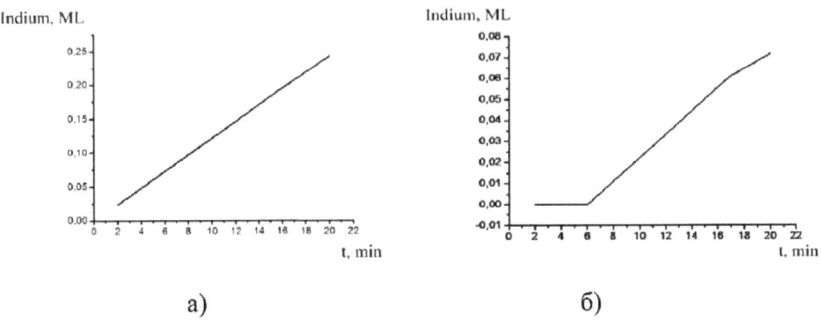

а)   б)

Фиг. 32. Зависимости уровней покрытия индием от времени   напыления: а - поверхность Si(111), б - поверхность Si(557).

Этими местами являются ступеньки на поверхности. На картине сканирования поверхности Si(557) обращают на себя внимание более светлые образования в области ступенек. Это может свидетельствовать об определенном подъеме уровня на сканируемой поверхности. Сравнивая физические характеристики кремния и индия, можно заметить различие в их атомных диаметрах:

$$D_{in} = 3{,}32 \text{ Å}, \quad D_{kr} = 2{,}35 \text{Å}.$$

Диаметр атома индия оказывается на 41% больше диаметра атома кремния. Следовательно, осаждение атомов индия в области ступеньки существенно повышает уровень рельефа. Отсюда и появление светлых участков на отображении сканируемой поверхности в области ступенек.

Полученные результаты (см. фиг. 32) позволяют ориентировочно определить вероятность появления на поверхности Si(557) ступенек шириной не менее девяти атомных рядов:

$$W \approx 0{,}3.$$

Отсюда коэффициент заполнения первого слоя Индия на поверхности Si(557) составит (без учета осаждений на ступеньках):
$$ML_2 \approx 0{,}07.$$

С учетом же осаждений на ступеньках получим:
$$ML_3 \approx 0{,}09.$$

Редкие ступеньки с широкими площадками могут образовываться и на поверхности (111), но они не носят системного характера. На фиг. 33. представлен один из результатов сканирования такой поверхности.

Фиг. 33. STM-Bild поверхности Si(111) со ступенькой и напыленным индием.

Как видим, в этом случае на широкой террасе (111) при 20 минутах напыления наблюдаются кластеры с заполнением первого слоя и началом создания второго слоя (светлые точки по всей поверхности), а в области ступеньки видны участки с предположительным осаждением индия.

2.2.6 Локальная туннельная спектроскопия.

Весьма характерный момент: сами разработчики сканирующего туннельного микроскопа Бинниг и Рорер ставили перед собой основную цель найти метод спектроскопического исследования материалов с высокой степенью локализации [19]. Ими и была разработана методика локальной туннельной спектроскопии. И лишь дальнейшее развитие этой методики привело к созданию сканирующего туннельного микроскопа. Именно поэтому в работах основоположников метода в первую очередь были сформулированы основные подходы к изучению локальных характеристик материалов на основе спектроскопических исследований, которые применяются до сих пор.

Вероятность туннельного переноса определяется электронной структурой атомов и молекул на поверхности зонда и образца, то есть плотностью электронных состояний. Любые изменения в электронной структуре приводят к характеристическим изменениям зависимостей туннельного тока от напряжения или расстояния [22]. И именно поэтому метод локальной туннельной спектроскопии оказывается весьма чувствительным к изменениям электронной структуры исследуемого материала, а, следовательно, и к изменению химической природы материала.

Исследование электронной структуры поверхности в окрестности уровня Ферми существенно повышает информативность метода. Безусловно, поведение электронов, энергии которых близки к уровню Ферми, отделяющему занятые состояния от свободных, наиболее важно, так как при любом воздействии на поверхность (термическом, освещении, адсорбции) уровни, ближайшие к ε_F, легче отдают или принимают электроны, то есть именно они определяют основные свойства поверхности.

До сих пор мы говорили только о чистых поверхностях. Для поверхностей, покрытых адсорбированными пленками, зависимость СТМ-изображений от приложенного напряжения может проявляться в еще большей степени, так как некоторые адсорбаты (например, атомы щелочных металлов) даже в очень небольших количествах в состоянии кардинально изменить электронную структуру поверхности. Поэтому интерпретация СТМ-изображений адсорбированных слоев должна проводиться наиболее тщательно и обычно предполагает построение в каждом конкретном случае соответствующей структурной модели поверхности. Именно непосредственные исследования адсорбции являются основной и наиболее интересной сферой применения СТМ.

Подавляющее большинство исследователей использует метод СТМ лишь для получения топографической информации на микро- и нано-уровне не задумываясь, как правило, о природе процессов, которые приводят к обнаружению перепадов высот (контрастов) на топографических изображениях. В ряде случаев такой подход приводит к неправильной интерпретации наблюдаемых изображений. Учет спектроскопических зависимостей позволяет устранить ошибки такого рода.

Особенно внимательного анализа требуют обнаруживаемые отклонения в определяемом туннельном зазоре, когда из предполагаемой модели это не следует. Если условия переноса электрона в различных точках поверхности значительно отличаются, например, при нанесении на поверхность инородных атомов, возможно появление ложного топографического контраста на гладких поверхностях.

Использование туннельно-спектроскопических подходов позволяет значительно расширить информативность метода СТМ, а в некоторых случаях получить уникальную информацию о локальных свойствах гетерогенного материала.

Наибольшее распространение в спектроскопических исследованиях получила методика построения вольт-амперных характеристик туннельного перехода при постоянном зазоре между зондом и образцом:

$$I = f_1(U). \tag{29}$$

Для анализа полученные результаты удобно представлять в виде зависимости

$$dI/dU = f_2(U) \tag{10}$$

или в форме нормированной проводимости:

$$\frac{dI/dV}{I/V} = f_3(U) \tag{11}$$

В работах [72, 73] вводится выражение для оценки туннельного тока при снятии спектроскопической зависимости

$$I \infty \int_0^{eV} \rho_S (E_F - eV + \varepsilon)\rho_T(E_F + \varepsilon)d\varepsilon \tag{12}$$

Здесь ρ_S и ρ_T - плотности состояний, соответственно, в образце и игле. Учитывая то, что для иглы эта характеристика не изменяется, уравнение (12) можно упростить. И отсюда производную dI/dV можно выразить в более простой форме

$$\frac{dI}{dV} \infty \rho_S(E_F - eV + \varepsilon) \tag{13}$$

Из выражения (13) вытекает очень важный вывод: производная dI/dV непосредственно отображает плотность электронных состояний образца.

Экспериментальная проверка для поверхностей Si(111) и Au(111) в вакууме [72, 73, 74] подтвердила слабую зависимость нормированной проводимости от расстояния зонд-образец и показала, что получаемая зависимость вида (13) является удовлетворительной аппроксимацией локальной плотности поверхностных электронных состояний образца.

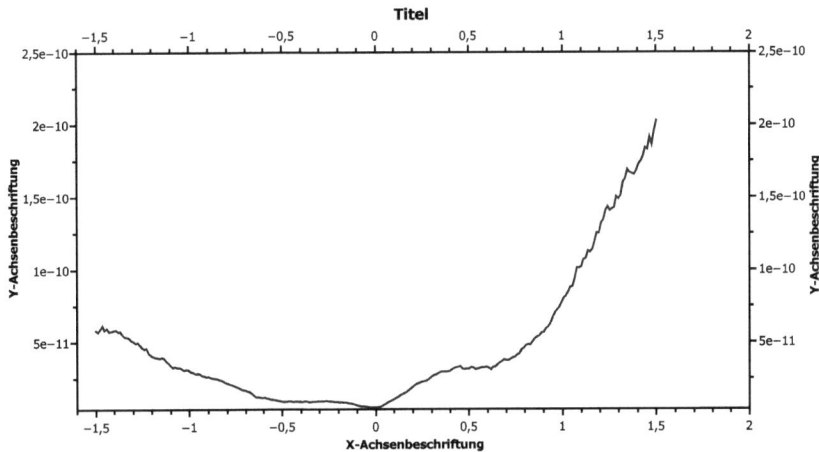

Фиг. 34. Спектроскопическая зависимость dI/dV = f(V)

Спектроскопические исследования реконструированной поверхности Si(111) 7х7 подтвердили полное соответствие использованных нами оборудования и технологий предъявляемым требованиям. Так, на фиг. 34 представлен один из полученных результатов спектроскопирования поверхности Si(111) 7х7.

Отсутствие на кривой горизонтальной площадки свидетельствует об отсутствии у поверхностного слоя кремния запрещенной зоны, что подтверждает металлические свойства реконструированной поверхности. Практически совпадающие с полученными зависимостями данные приводятся в многочисленных литературных источниках.

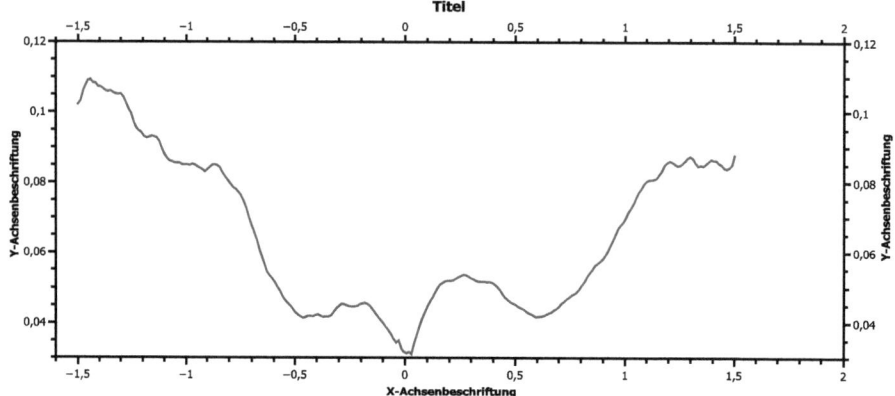

Фиг. 35. Нормированная спектральная зависимость для поверхности Si(111) 7x7.

Нормированный вариант спектроскопической зависимости для той же поверхности представлен на фиг. 35. Следует отметить, что эта зависимость является усредненной по многим точкам на поверхности.

В работе [75] при снятии спектральных зависимостей для отдельных атомов реконструированной поверхности получен тот же вид (фиг. 36), что и в нашем случае. Зависимость А соответствует рест-атому, зависимости В и С получены на адатомах. Если усреднить эти зависимости по всей поверхности с учетом статистического веса различных атомов, то характер полученной кривой окажется в точности таким же, как и полученная нами зависимость (фиг. 35).

При выборе напряжения сканирования поверхности кристаллита необходимо учитывать наличие и размеры запрещенной зоны. В случае, если напряжение между иглой и образцом туннельного микроскопа не вышло за пределы запрещенной зоны (в положительном или отрицательном направлениях), то образовавшаяся на поверхности картина не может быть выявлена. Лишь выйдя за пределы запрещенной зоны можно обнаружить структурные образования на поверхности (реконструкции или кластеры). Полученные при различных напряжениях изображения подтверждают этот факт. На изображениях, приведенных на фиг. 37, мы наблюдаем кластеры индия на поверхности Si(111) 7x7. По форме спектральной зависимости (наличие горизонтального участка) можно сделать вывод о размерах запрещенной зоны. Из этого следует, что данная поверхность обладает полупроводниковыми свойствами.

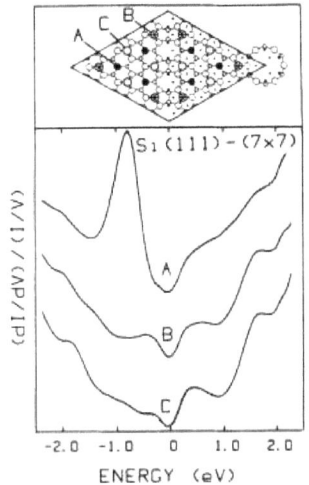

Фиг. 36. Спектроскопия по точкам элемента реконструкции Si(111) 7x7 [75].

Если напряжение между иглой и образцом туннельного микроскопа не вышло за пределы запрещенной зоны (в положительном или отрицательном направлениях), то образовавшаяся на поверхности картина не может быть выявлена. Лишь выйдя за пределы запрещенной зоны можно обнаружить структурные образования на поверхности (реконструкции или кластеры). Полученные при различных напряжениях изображения подтверждают этот факт. На изображениях, приведенных на фиг. 37, мы наблюдаем кластеры индия на поверхности Si(111) 7x7. По форме спектральной зависимости (наличие горизонтального участка) можно сделать вывод о размерах запрещенной зоны. Из этого следует, что данная поверхность обладает полупроводниковыми свойствами.

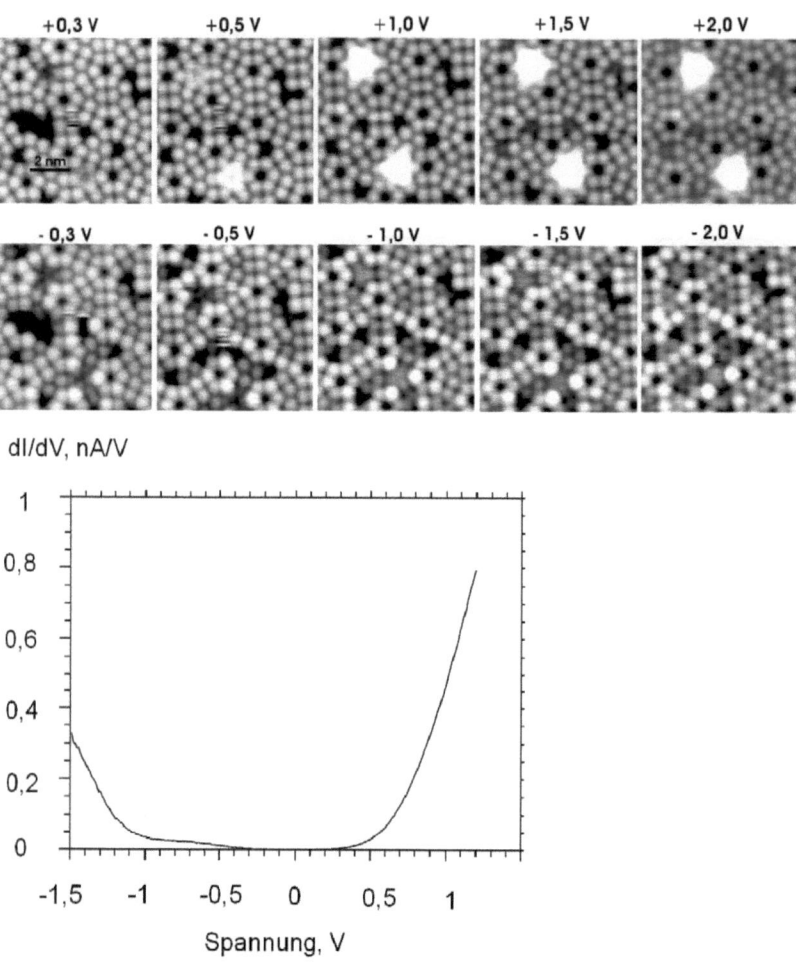

Фиг. 37. Сканированная поверхность Si(111) 7x7 с напыленным индием при разных напряжениях на зонде и спектроскопическая зависимость.

Представленные на фиг. 37 результаты подтверждают, что кластеры на поверхности проявляются лишь при напряжениях, выходящих за пределы запрещенной зоны.

Глава 2.3. Версии, требующие дополнительных исследований.

В ходе выполнения работы зачастую возникали вопросы, на которые не удавалось найти ответ. Помимо сложности самих вопросов возникали трудности технического и методического порядка, а также элементарная ограниченность во времени. Вопросы оставались без ответа. Это заставляло формулировать некоторые версии, которые позволяли бы хоть на шаг приблизиться к пониманию сути вопроса. Естественно, что такие версии не могут считаться исчерпывающим ответом на вопросы, но они могли бы подтолкнуть к развитию исследований в этих направлениях.

Остановимся лишь на некоторых из возникших вопросов и предложенных версий.

2.3.1. Откуда берутся «магические» числа в поверхностных реконструкциях и кластерах?

Возникновение при различных условиях структур 5x5, 7x7, 9x9 на свободных поверхностях кристаллического кремния вызывает естественный вопрос: что за причина заставляют формировать структурные образования со столь четко выраженными размерами.

Многочисленные исследования поверхностей кристаллических тел свидетельствуют о том, что перемыкание между собой оборванных связей поверхностных атомов приводит к появлению дополнительных сил между атомами, и, как следствие, к уменьшению межатомного расстояния в поверхностном слое. К дополнительной деформации приводит и влияние ступенек на поверхности.

При этом нарушается согласование в расположении цепочек атомов поверхностного слоя и подслоя. Величины расхождений в межатомных расстояниях накапливаются от атома к атому, суммарное смещение может достичь критического размера, при котором связь между атомами двух слоев становится неустойчивой и может «переключиться» на следующий атом, принадлежащий следующему элементу реконструкции (фиг. 38).

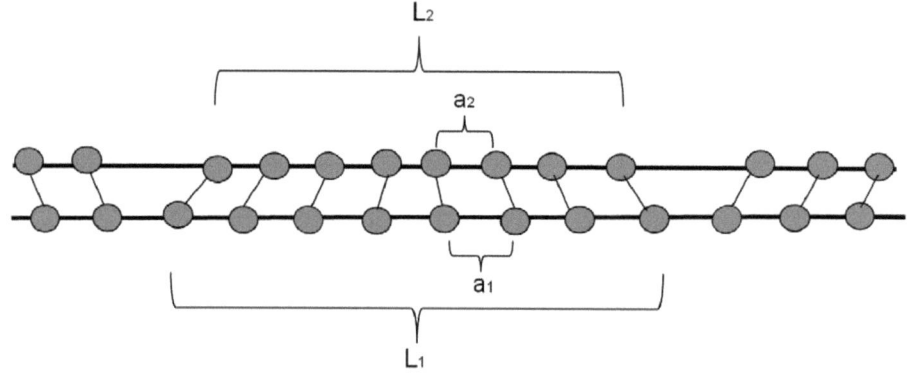

Фиг. 38. Схема согласования рядов атомов поверхностного слоя и подслоя.

Логично предположить, что такой «срыв» произойдет при суммарном смещении атома поверхностного слоя на половину межатомного расстояния в подслое. То же произойдет и на втором конце цепочки атомов. Следовательно, общее накопленное расхождение в длине цепочек атомов для структуры поверхностной реконструкции составит одно межатомное расстояние в подслое. Это расстояние можно с достаточной точностью считать равным расстоянию в глубинных слоях кристаллита на той же кристаллографической плоскости. Из этих представлений вытекает соотношение

$$n\, a_2 = (n-1)\, a_1, \qquad (14)$$

где n – число атомов в элементе структуры реконструкции.

Отсюда имеем:

$$\Delta a / a_1 = -\, 1/n. \qquad (15)$$

Наиболее распространенной для Si(111) является реконструкция 7x7. В этом случае при n = 7 получим:

$$\Delta a / a_1 = -\, 0{,}14,$$

то есть для образования реконструкции 7x7 сжатие поверхностного слоя должно составить 14%.

Соответственно, для образования реконструкции 5x5 необходимо сжатие поверхностного слоя на 20%, а для реконструкции 9x9 – на 11%.

Естественно, что эта версия построена на заведомо упрощенных представлениях и требует в дальнейшем серьезной доработки и уточнения.

Однако, принципиальный подход к установлению причин возникновения на поверхности кристаллита так называемых «магических» структурных образований предлагаемая версия может определить.

2.3.2. Возможная структура димеров.

На фиг. 9 была представлена схема образования димеров. Предполагалось, что два атома в поверхностном слое кристаллического тела сближаются друг с другом за счет соединения разорванных связей. Но при этом они остаются независимыми друг от друга. Однако, некоторые данные, приведенные в литературе, заставляют усомниться в этом.

Так, в работе [76] представлены результаты туннельного сканирования участка поверхности кремния с димерами (фиг. 39. Два изображения участка, полученных при сканировании атомов с заполненными (d) и незаполненными (е) состояниями заставляют задуматься над своеобразным отображением

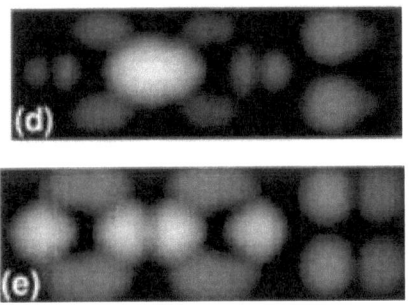

Фиг. 39. Изображение участка поверхности с димером [76].

димера на изображении d. Оно представляется единым, вытянутым и однородно светлым пятном. Такую картину могли бы дать не два отдельных атома, а двухатомная молекула, объединенная ковалентной связью, то есть имеющая общую внешнюю орбиталь.

Подобная картина представлена и в ряде иных работ. Однако целенаправленного исследования такого варианта строения поверхностного слоя кристаллита нам обнаружить не удалось.

2.3.3. Сканирование поверхности при переменном напряжении на игле.

В Описании лабораторной работы «Исследование поверхности твердых тел методом сканирующей туннельной микроскопии (СТМ)» Нижегородского Государственного Университета им. Н.И. Лобачевского рассмотрена идея V-модуляция [77]. В методе V-модуляции помимо постоянного напряжения смещения V к туннельному контакту прикладывается малое переменное напряжение V~. При этом обратная связь системы сканирования опирается на постоянный сигнал, а переменная составляющая туннельного тока используется для формирования элемента спектроскопической зависимости. Таким образом, возможно не только измерять рельеф поверхности, но и разделять области разного состава, различающиеся значениями работы выхода.

Наложение на основной сигнал «малого переменного напряжения» позволяет различить атомы различных элементов на поверхности кристаллита. Задачу же исследования электронного состояния атомов поверхностного слоя это не решает: для этого необходимы дополнительные полноразмерные спектроскопические исследования.

Заманчивые перспективы возможного совмещения вариантов сканирования поверхности и исследования электронного состояния поверхностных структур заставили нас задуматься о возможной технологии его осуществления.

Прежде всего, какой интерес может представлять такой способ исследования? Если подать на иглу переменное напряжение, например, синусоидальное или пилообразное относительно нуля, с амплитудой, превышающей напряжения запрещенной зоны (с положительной и отрицательной сторон), то возникает принципиальная возможность совмещения в одном эксперименте сканирования рельефа поверхности и снятия спектральных характеристик.

Схематически возможный вариант проведения исследования представлен на фиг. 40. Для упрощения рассуждений принята пилообразная форма приложенного к игле напряжения. Здесь V_θ – амплитуда напряжения, V_{S1} – уровень запрещенной зона с положительной стороны, V_{S2} – то же с отрицательной стороны.

Ниже на той же фигуре схематически представлена зависимость туннельного тока от приложенного напряжения. За каждый полупериод

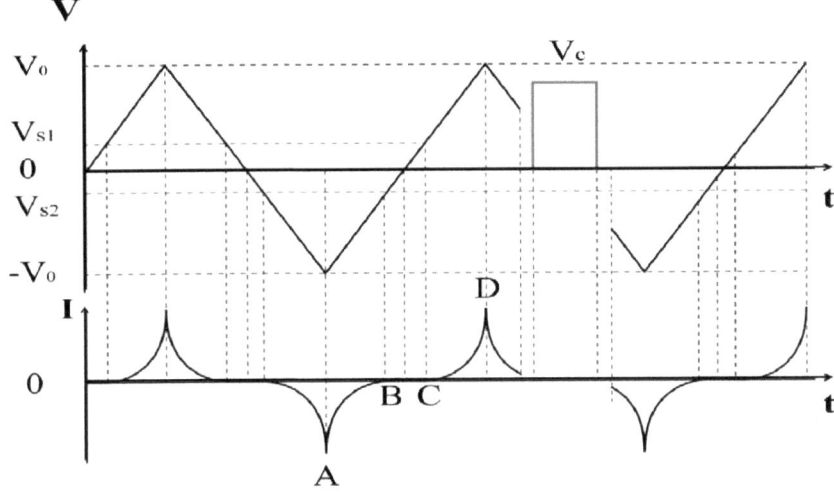

Фиг. 40. Схема одновременного сканирования поверхности и снятия спектроскопических зависимостей (STMS).

изменения приложенного напряжения оказывается снятой полная спектральная зависимость (ABCD) $I = f(t)$, преобразуемая компьютером в зависимость $I = f(V)$. То есть за один период она снимается дважды.

При существующей методике время снятия одной спектральной зависимости составляет около двух секунд. Это связано, в частности, и с затратами времени на выведение иглы в заданную точку. В предлагаемом же способе, например, если частота приложенного напряжения равна 50 Гц, снятие одной зависимости займет лишь 10^{-2} секунды. При таком времени погрешностями, связанными с неустойчивостью системы, вероятнее всего можно будет пренебречь. Во-вторых, за короткое время может быть снято значительное число кривых и результаты могут быть усреднены. В-третьих, снятие СТМ-картинки не во всех случаях позволяет получить однозначную картину рельефа. В этих случаях дополнительно требуется рассмотрение спектральных зависимостей. Данный же способ предполагает одновременное и согласованное по времени и координатам получение полного комплекса необходимой информации. И, в-четвертых, снятие спектральных зависимостей по всей линии сканирования (не только в узлах решетки) позволит получить дополнительный материал для исследования свойств поверхности.

Управляющий сигнал для сканирования поверхности может подаваться на иглу в виде периодических импульсов с напряжением V_C (см. фиг. 40). Во время подачи импульса основной сигнал запирается.

Реализация этой экспериментальной технологии, естественно, связана с определенными техническими проблемами, носящими в основном аппаратный и программный характер. Однако, смысл в разработке и реализации данной методики кажется нам несомненным.

2.3.4. Было бы полезно исследовать.

Реализация методики STMS (одновременного сканирования и спектроскопического исследования поверхностей) могла бы создать возможности для развития ряда новых и несомненно перспективных исследовательских направлений. Несколько таких направлений, мысли о которых возникали в ходе данной работы, хотелось бы особо отметить:

- Исследование кинетики протекания структурных превращений на поверхностях кристаллических тел. Сегодня работы этого направления затрудняются наличием температурного и временного дрейфа элементов поверхности и низкими скоростями выполнения измерительных операций. Сокращение времени выполнения этих операций хотя бы до 10^{-2} сек. позволило бы преодолеть многие из этих препятствий.
- Исследование температурных характеристик процессов, протекающих на поверхности кристаллических тел. При существующих скоростях проведения измерений исключить влияние температурного дрейфа, можно лишь исключив само изменение температуры. Так, например, не ясны условия образования на поверхности Si(111) двух отличающихся по свойствам составляющих FH и UH совместно или отдельно друг от друга. Можно предположить, что появление этих составляющих должно соответствовать различным температурным интервалам. Однако, проведение таких исследований при существующей методике испытаний в условиях изменяющихся температур остается технически нереальным.

- Исследование кинетики структурных превращений на поверхности кристаллических тел при напылении инородных атомов.

Можно было бы значительно расширить круг вопросов, рассмотрение которых окажется возможным в случае реализации методики STMS.

Результаты и выводы.

В ходе проведенных исследований были получены следующие основные результаты:

1. Отработана методика проведения испытаний применительно к поставленным задачам. Удалось повысить точность измерений за счет замены усилителя сигнала. Изготовлена и смонтирована система напыления индия на поверхность кремния.
2. Проведены исследования реконструированной поверхности Si(111) 7x7.
3. Исследованы особенности возникновения реконструкции на вицинальной поверхности Si(557).
4. Рассчитан размер ступенек на поверхности Si(557). Полученное значение практически совпадает с известными из литературы экспериментальными данными.
5. Установлено, что при напылении индия на чистую поверхность Si(111) первоначально образуются кластеры не по всей ячейке реконструкции 7x7, а лишь на ее части FH. По мере возрастания покрытия и приближения к полному покрытию монослоя (ML = 0,24) начинают образовываться кластеры на вторых частях реконструкции (зоны UH).
6. Образование кластеров на чистой поверхности Si(111) начинается сразу же с начала напыления. Покрытие монослоя возрастает приблизительно линейно со временем напыления.
7. Установлено, что начало образования кластеров на вицинальной поверхности Si(557) в отличие от поверхности Si(111) начинается не сразу с началом напыления. Задержка составляет до 20% от общего времени напыления монослоя. Показано, что за время этой задержки атомы индия (около 20% от количества индия в монослое) осаждаются на ступеньках, образуя зоны неструктурированного покрытия индием.
8. Определен уровень полного покрытия монослоя на вицинальной поверхности Si(557) ML = 0,09.
9. На поверхности Si(111) также могут образовываться ступеньки, по своему количеству и расположению не имеющие, как на поверхности Si(557), системного характера. Осаждение индия обнаружено и в зоне этих ступенек. Но, в связи с их малым количеством, заметного влияния на общую кинетику образования кластеров этот процесс не оказывает.
10. Проведены спектроскопические исследования чистой поверхности Si(111) с образовавшимися кластерами индия. На поверхности кластера

установлено наличие запрещенной зоны, что свидетельствует о полупроводниковых свойствах кластеров индия. Поверхности же кремния, не заполненные кластерами, сохраняют металлические свойства.

11. Сделана попытка объяснить причину образования столь сложных реконструкций, как 7x7 или 5x5. Расчет показал, что для этих образований относительное сжатие поверхностного слоя кремния должно составить, соответственно, 14% и 20%.

12. Судя по литературным данным, вблизи ступенек имеется зона дополнительного сжатия. В этих зонах могут возникнуть деформации, обеспечивающие условия образования реконструкций 5x5 и 7x7. Такие реконструкции были обнаружены на вицинальной поверхности Si(557).

13. Сформулирована версия создания методики STMS одновременного сканирования рельефа поверхности и снятия спектроскопических зависимостей. Эта методика могла бы исключить влияние температурного дрейфа и вредных внешних воздействий. Она может позволить проводить исследования переходных процессов на поверхности.

14. Рассмотрен возможный вариант перехода димеров на кристаллической поверхности в структуру двухатомной молекулы с ковалентной связью.

Заключение.

Подводя итог проделанной работе, следует прежде всего остановиться на тех вопросах, по которым удалось получить новые оригинальные результаты.

К их числу можно отнести установление особенностей осаждения индия на винициальную поверхность Si(557). Тот факт, что индий первоначально и в значительных количествах осаждается в области ступенек, создавая нетипичные для поверхности кремния структуры, может представлять и научный, и прикладной интерес. Но это требует серьезных дополнительных исследований в данном направлении.

Попытка найти объяснение причинам образования магических структур типа 7x7 или 5x5 также предполагает уточнение и развитие этого подхода.

Не вполне ясна и причина выборочного образования кластеров в первой половине времени напыления индия только на элементах реконструкции FHUC и лишь затем – на элементах UHUC. Предположительно это может быть связано с особенностями структуры подслоя. Энергетические соображения в этом вопросе требуют дополнительных расчетов и уточнений.

Хотелось бы также надеяться, что предложенный вариант методики STMS исследования , совмещающий сканирование поверхности и проведение спектрометрических измерений, найдет применение.

Литература

1. Von G. Gamow, Zur Quantentheorie des Atomkernes. Göttingen, Institut für theoretische Physik. August 1928.

2. Гамов Г. А., Кембридж, Очерки развития учения о строении атомного ядра, 1930 г. Успехи физических наук, т. X. вып. 4.

3. Ландау Л. Д., Лифшиц Е. М., Квантовая механика, 4 изд., М., 1989.

4. Razavy, Mohsen, Quantum Theory of Tunneling. World Scientific. pp. 4, 462. ISBN 9812564888. 2003.

5. http://yandex.ru/yandsearch

6. http://ru.wikipedia.org/ Корпускулярно-волновой дуализм

7. Гольданский В. И., Трахтенберг Л. И., Флёров В. Н. Туннельные явления в химической физике. М.: Наука, 1986.

8. Блохинцев Д. И., Основы квантовой механики, 4 изд., М., 1963.

9. Taylor, J., Modern Physics for Scientists and Engineers. Prentice Hall. p. 234. ISBN 013805715X. 2004.

10. Griffiths, David J. Introduction to Quantum Mechanics (2nd ed.). Prentice Hall. 2004.

11. N. Fröman and P.-O. Fröman, JWKB Approximation: Contributions to the Theory. North-Holland, Amsterdam. 1965.

12. Реферат: Электрон в потенциальной яме. Туннельный эффект, http://works.tarefer.ru/89/100095/index.html.

13. Esaki L., New phenomenon in narrow germanium p — n junctions, "Physical Review", 1958, v. 109, № 2.

14. Josephson B. D., Possible new effects in superconductive tunneling, "Phys. Lett.", 1962, v. 1, p. 251;

15. Здравствуй, туннельный транзистор, http://www.gazeta.ru/science/2012/02/03.

16. Схема_одноэлектронного_транзистора, http://commons.wikimedia.org/wiki.

17. Д. Ф. Бутусов, В. К. Корнев, Л. С. Кузьмин, Н А. Симонов, «Динамика гистерезисных сквидов переменного тока с туннельными джозефсоновсими переходами», *Радиотехника и Электроника*, т. 33, вып. 7, 1988.

18. J.A. Kubby, J.J. Boland, Scanning Tunneling Microscopy of Semiconductor Surfaces. Eslevier, 1996 (Surface Science Reports, 26 (1996).

19. Binning G., Rohrer H., Scanning tunneling microscopy,«Helv. Phys. Acta», 1982, v. 55, № 6, p. 726.

20. Э д е л ь м а н В. С., Сканирующая туннельная микроскопия, «ПТЭ», 1989, № 5.С. 25.

21. Х а й к и н М. С. и др., Сканирующие туннельные микроскопы,«ПТЭ», 1987, № 4.

22. Г. Биннинг, Г. Рорер. Сканирующая туннельная микроскопия- от рождения к юности, Нобелевские лекции по физике-1996. УФН, т. 154 (1988), вып.2.

23. J. Tersoff and D. R. Hamann – Theory and application for scanning tunneling microscope. // Phys. Rev. Lett. v. 50, p. 1998-2001 (1983).

24. http://nano.lab2.phys.spbu.ru/images/img1.pdf

25. http://www.portalnano.ru/read/tezaurus/definitions/s_t_microscope   пъезо.

26. В.Л. Миронов, Основы сканирующей зондовой микроскопии.

    http://idpe.ntmdt.ru/shared/

27. В.Ф. Кулешов, Ю.А. Кухаренко, С.А. Фридрихов и др., Спектроскопия и дифракция электронов при исследовании поверхности твердых тел / - М.: Паука, 1985.

28. С. Панкратов, В. Панов, Поверхности твердых тел. http://n-t.ru/nj/nz/1986/0501.htm

29. Bechstedt F., Enderlein R., Semiconductor Surfaces and Interfaces. Physical Research, vol. 5. Akademie-Verlag Berlin, 1988.

30. Luth H., Surfaces and Interfaces of Solids. Springer-VerlagBerlinHeidelberg, 1993.

31. Келдыш Л.В. Таммовские состояния и физика поверхности твердого тела. «Природа», 1985, №9.

32. http://n-t.ru/nj/nz/1986/0501.htm   димеры 2x1

33. К. Оура, В.Г. Лифшиц, А.А. Саранин, А.В. Зотов, М. Катаяма // Введение в физику поверхности. 2006, изд. М.: Наука.

34. Zangwill A., Physics at surfaces. Cambridge: Cambridge Univ. press, 1988.

35. Somorjai G.A. Introduction to surface chemistry and catalysis, N. Y.: Wiley, 1994. 667 p. Chap. 2.

36. Desjoqueres M.C., Spanjaard D. Concepts in surface physics. B. etc.; Springer. 1996. P.1.3.

37. C.B. Duke. Surface scince: The first thirty years/ Amsterdam: North-Holland. 1994. 1054 p.(Surface Sci.; Vol. 299/300).

38. C.B. Duke, E.W. Plummer, Frontiers in surface and interface science. Amsterdam: North-Holland, 2002. Surface Sci.; Vol.500.

39. Отто фон-Герике // Вестник опытной физики и элементарной математики. — 1886. — № 6,9. — С. 119-124,191—195.

40. J.M. Lafferty, N.Y. Wiley, Foundations of vacuum science and technology, 1998.

41. Кремний, http://ru.wikipedia.org/wiki.

42. Самсонов. Г. В., Силициды и их использование в технике. Киев, Изд-во АН УССР, 1959.

43. Chang H.H., Lai M.Y., Wei J.H. et al. // Phys. Rev. Lett. 2004. V.92. P.066103 (1-4).

44. Li J.L., Jia J.F., Liang X.J. et al. // Phys. Rev. Lett. 2002. V.88. P.066101(1—4).

45. http://ru.science.wikia.com/wiki/Кремний

46. Зи С., Физика полупроводниковых приборов: В 2-х книгах. Кн. 1. Пер. с англ. — М.: Мир, 1984.

47. Lifshits V.G., Saranin A.A., Zotov A.V., Surface Phases on Silicon: Preparation, Structures and Properties. L.: John Wiley and Sons, 1994.

48. Binnig G., Rohrer H., Gerber Ch. and Weibel E., 7x7 reconstruction on Si(1 11) resolved in real spase // Phys. Rev. Lett 1983. V. 50, N 2.

49. Лифшиц В.Г. Поверхность твердого тела и поверхностные фазы // Соросовский Образовательный Журнал. 1995. № 1.

50. D. Briggs, M.P. Seah., Practical Surface Analysis by Auger and X-ray Photoelectron Spectroscopy / L.: John Wiley and Sons, 1983.

51. Schlier R.E., Farnsworth H.E., Structure and adsorption characteristics of clean surface of germanium and silicon // J. Chem. Phys. 1959 Vol.30. N4.

52. Takayanagi K., Tanishiro Y., Takahashi S., Takahashi M., Structure analysis of Si(111)-7x7 reconstructed surface by transmission electron diffraction // Surface Sci. 1985. Vol. 164.

53. Harrison W. A., Surface reconstruction on semiconductors // Ibid. 1976. Vol. 55. N 1.

54. Himpsel F. J., Structural model for Si(111)-(7x7) // Phys. Rev. B. 1983. Vol. 27. N 12 P. 7782 7786.

55. McRae E. G., Surface stacking sequence and (7x7) reconstruction at Si(111) surfaces // Ibid.1983. Vol. 28. N4 P. 2305 2307.

56. http://www.74rif.ru/In.html   индий

57. M. Y. Lai and Y. L. Wang., Self-organized two-dimensional lattice of magic clusters. PHYSICAL REVIEW B, VOLUM E 64, 241404.

58. V. G. Kotlyar, A. V. Zotov, A. A. Saranin, T. V. Kasyanova, M. A. Cherevik, V. Pisarenko and V. G. Lifshits, Formation of the ordered array of Al magic clusters on Si(111) 7x7. PHYSICAL REVIEW B 66, 165401, 2002.

59. J. H. Byun, J. R. Ahn, W. H. Choi, P. G. Kang and H. W. Yeom, Photoemission and STM study of an In nanocluster array on the Si(111)-7x7 surface. PHYSICAL REVIEW, B 78, 205314, 2008.

60. Run-Wei Lia, J. H. G. Owen, Namiki, Tsukuba, Ibaraki, S. Kusano and K. Miki, Dynamic behavior and phase transition of magic Al clusters on Si(111)-7x7 surfaces. APPLIED PHYSICS LETTERS 89, 073116, 2006.

61. Jung Hoon Byun, Jin Sung Shin, Pil Gyu Kang, Hojin Jeong and Han Woong Yeom, Formation and electronic states of In nanoclusters on the Si(111)7x7 surface, Physical Review B 79, 235319 (2009).

62. Akihiro Ohtake, Atomic structure of the Ga nanoclusters on Si(111)-7x7, PHYSICAL REVIEW, B 73, 033301, 2006.

63. Zhanwei Liu, Huimin Xie, Daining Fang, Fulong Dai, Qikun Xue, Hong Liu, Jinfeng Jia, Residual strain around a step edge of artificial Al/Si(111)-7x7 nanocluster, APPLIED PHYSICS LETTERS, 87, 201908, 2005.

64. http://www.ooo-prizma.ru/vacuumnye-nasosy/nasosy-vig/nvig-5.html Насосы вакуумные ионно-геттерные НВИГ-5

65. http://www.chemport.ru/data/chemipedia/article_562.html

66. http://images.rambler.ru/search?query манометр

67. http://pochit.ru/fizika/8828/index.html?page=5 зонд

68. http://sigmascan.ru/index.php/ru/menu-tfs зонд

69. http://isan.troitsk.ru/dls/lapshin/LOCK.HTM

70. Takayanagi K., Tanishiro Y., Takahashi S., Takahashi M., Structure analysis of Si(111)-7x7 reconstructed surface by transmission electron diffraction // Surface Sci. 1985. Vol. 164.

71. D. H. Oh, M. K. Kim, J. H. Nam, I. Song, C. Y. Park, S. H. Woo, H. N. Hwang, C. C. Hwang and J. R. Ahn, Atomic structure model of the reconstructed Si(557) surface with a triple step structure: Adatom-parallel dimer model. PHYSICAL REVIEW, B 77, 155430 2008.

72. J.A.Stroscio, R.M.Feenstra, A.P.Fein, Electronic Structure of the Si(111)2x1 Surface by Scanning-Tunneling Microscopy, Phys.Rev.Lett. 57 (1986).

73. R.M.Feenstra, J.A.Stroscio, A.P.Fein, Tunneling spectroscopy of the Si(111)2x1 surface, Surf.Sci. 181 (1987).

74. W.J.Kaiser, R.C.Jaklevic, Spectroscopy of electronic states of metals with a scanning tunneling microscope, IBM J.Res.Develop. 30 (1986).

75. R. Wolkow and Ph. Avouris, Atom-Resolved Surface Chemistry Using Scanning Tunneling Microscopy. PHYSICAL REVIEW LETTERS, VOLUME 60, NUMBER 11, 1988

76. G. Brocks and P. J. Kelly Dynamics and Nucleation of Si Ad-dimers on the Si(100) Surface VOLUME 76, NUMBER 13 PHY S I CAL REV I EW LETTERS 25 MARCH 1996

77. http://spm.unn.ru/education/education/STM/STM.htm

MIX
Papier aus verantwortungsvollen Quellen
Paper from responsible sources
FSC® C105338
FSC
www.fsc.org

Printed by Books on Demand GmbH, Norderstedt / Germany